Nejib Bouslema

Conception et étude d'un silo métallique

Nejib Bouslema

Conception et étude d'un silo métallique

Etude et conception d'une unité de stockage et de chargement camions en ciment vrac

Éditions universitaires européennes

Impressum / Mentions légales
Bibliografische Information der Deutschen Nationalbibliothek: Die Deutsche Nationalbibliothek verzeichnet diese Publikation in der Deutschen Nationalbibliografie; detaillierte bibliografische Daten sind im Internet über http://dnb.d-nb.de abrufbar.
Alle in diesem Buch genannten Marken und Produktnamen unterliegen warenzeichen-, marken- oder patentrechtlichem Schutz bzw. sind Warenzeichen oder eingetragene Warenzeichen der jeweiligen Inhaber. Die Wiedergabe von Marken, Produktnamen, Gebrauchsnamen, Handelsnamen, Warenbezeichnungen u.s.w. in diesem Werk berechtigt auch ohne besondere Kennzeichnung nicht zu der Annahme, dass solche Namen im Sinne der Warenzeichen- und Markenschutzgesetzgebung als frei zu betrachten wären und daher von jedermann benutzt werden dürften.

Information bibliographique publiée par la Deutsche Nationalbibliothek: La Deutsche Nationalbibliothek inscrit cette publication à la Deutsche Nationalbibliografie; des données bibliographiques détaillées sont disponibles sur internet à l'adresse http://dnb.d-nb.de.
Toutes marques et noms de produits mentionnés dans ce livre demeurent sous la protection des marques, des marques déposées et des brevets, et sont des marques ou des marques déposées de leurs détenteurs respectifs. L'utilisation des marques, noms de produits, noms communs, noms commerciaux, descriptions de produits, etc, même sans qu'ils soient mentionnés de façon particulière dans ce livre ne signifie en aucune façon que ces noms peuvent être utilisés sans restriction à l'égard de la législation pour la protection des marques et des marques déposées et pourraient donc être utilisés par quiconque.

Coverbild / Photo de couverture: www.ingimage.com

Verlag / Editeur:
Éditions universitaires européennes
ist ein Imprint der / est une marque déposée de
OmniScriptum GmbH & Co. KG
Heinrich-Böcking-Str. 6-8, 66121 Saarbrücken, Deutschland / Allemagne
Email: info@editions-ue.com

Herstellung: siehe letzte Seite /
Impression: voir la dernière page
ISBN: 978-3-8417-4584-2

Copyright / Droit d'auteur © 2015 OmniScriptum GmbH & Co. KG
Alle Rechte vorbehalten. / Tous droits réservés. Saarbrücken 2015

Dédicace

Je dédie ce travail…

A ma Mère, Saloua

C'est avec ton amour, ton soutient continue et ta patience que j'ai pu réaliser tes vœux…
Que ce travail te soit particulièrement dédié en témoignage. De mon grand amour, mon adoration et mon éternel attachement. Reste toujours ma lumière et ma source de bonheur.
Que dieu te protège et t'accorde santé et langue vie.

A mon père, Faicel

Aucune dédicace ne saurait t'exprimer l'intensité de mon profond amour, de ma reconnaissance et de mon respect à ton égard .Ton sens de la famille, ta gentillesse et ta grande sagesse qui font de toi un père exemplaire me servir ont toujours d'exemple.
Que dieu, le tout puissant, te protège et te procure santé et longue vie.

A mes sœurs, Mahjouba et Olfa

Aucun mot ne serait assez fort pour exprimer la profondeur et la sincérité des sentiments que je vous témoigne Trouvez dans ce modeste travail, l'expression de mon immense fraternité et ma sincère gratitude pour votre soutient continu.
Que dieu vous assure une vie pleine de bonheur et de réussite.

A tous mes amis,

Qu'ils trouvent ici l'expression de mes sentiments les plus sincères !

Dédier ;

A tous mes connaissances

Remerciements

En préambule à cet ouvrage, je souhaite adresser mes remerciements les plus sincères aux personnes qui m'ont apporté leur aide et qui ont contribué à la réussite de ce travail.

J'exprime mes vifs remerciments à Monsieur JEMAI Ammar, qui en tant que chef de département d'ensachage et expedition à la cimenterie de Bizerte de m'avoir proposé ce sujet et m'encadré tout le long du travail, malgré ses préoccupations, en me faisant profiter ainsi bien de ses connaissances que de son expérience dans le domaine.

je tiens aussi à remercier sincèrement M. NEMRI Ali, qui en tant que téchnicien à la département d'ensachage et expédition, s'est toujours montré à l'écoute et très disponible tout au long de la réalisation de ce travail, et pour sa générosité et la grande patience dont il a su faire preuve malgré ses charges professionnelles, ainsi que pour l'inspiration, l'aide et le temps qu'il a bien voulu me consacrer et sans lui cet ouvrage n'aurait jamais vu le jour.

J'adresse aussi mes sincéres remerciments à M.KOLSI lioua, M.CHBEB Adel et Mme. Tayssir REZGUI, Professeurs à l'Ecole d'Ingenieurs de Bizerte, qui ont bien accepter de me encadrer également en assurant le suivi de toutes les étapes du travail et les discussions des résultats ainsi que la préparation technique de ce mémoire.

J'exprime ma gratitude à tous les consultants et internautes rencontrés lors des recherches effectuées et qui ont accepté de répondre à mes questions avec une grande compréhension et générosité et surtout les membres de la dép.ensachage & expedition tel que: M.Hadjkacem Yessin, M.Belkehia Mourad, M.Mizilini Boujima, M.Bouthlija Mahmoud, M.Ahmed Taboubi.

Merci à tous et à toutes.

Table des matières

Dédicace i
Remerciement ii
Glossaire et liste des abréviations v
Nomenclature vi
Liste des figures ix
Liste des tableaux x
Introduction Générale 1

Chapitre I: Généralités et présentation de la société 3

I-Evolution de secteur ciment 4
I.1-Les ciments dans le monde 4
I.2-Les ciments en Tunisie 5
I.3-Les Ciments de Bizerte 5
I.3.1-Historique 6
I.3.2-Présentation technique 7
II-Etude descriptive du ciment 8
II.1-Différentes étapes de fabrication du ciment 8
II.1.1- Carrière 8
II.1.2- Concassage 8
II.1.3-Préhomogénéisation 9
II.1.4 -Broyage de matière première : poudre crue 9
II.1.5- Homogénéisation 10
II.1.6- Cuisson et clinkérisation 10
II.1.7- Broyage du cimen 10
II.1.8- Expéditions 10
II.2- Les caractéristiques du ciment 11
Conclusion 13

Chapitre II : Description et conception de la nouvelle installation 14

Introduction 15
I-Etude bibliographique 15
I.1-les techniques modernes de stockage : les silos 15
I.2-Acier/Béton : Avantages, inconvénients 16
II-Conception de la nouvelle unité 17
II.1- Quelques vues en 3D de l'unité 17
II.2-Liste des accessoires utilisés dans l'installation 21
Conclusion 24

Chapitre III : dimensionnement de l'unité 25

Introduction 26
I-dimensionnement du silo 26
I.1-Valeurs caractérisant le produit ensilé et son interaction avec la paroi 26
I.2-Choix de matériaux 27
I.3- Calcul de la hauteur du silo 27
I.4-Actions sur les silos dus aux matières granulaires 28

iii

I.4.1-Actions au remplissage..28
I.4.2-Actions à la vidange..32
I.5-Calcul de l'épaisseur du silo..35
I.6- Etude de la structure porteuse de silo..39
I.6.1- Modélisation de la structure..39
I.6.2- Etude de la structure..40
Conclusion...45
Chapitre IV : Fluidisation de la matière ensilée...46

Introduction...47
I-Étude bibliographique..47
I.1-Mode de contact entre les particules solides et le gaz.................................47
I.2-Phénomène de fluidisation...48
I.3-Chute de pression à travers la couche fluidisée..49
I.4-Classification des poudres..50
I.5- Régime de fluidisation homogène et hétérogène (bouillonnant)...................51
I.6 -Avantages et inconvénients de la fluidisation..52
II- Outils théoriques..53
II.1- Vitesse minimale de fluidisation..53
II.2-Vitesse maximale de fluidisation (vitesse terminale de chute libre des particules).........55
III-Calculs théoriques...56
III.1-Calcul de Vitesse minimale 57
III.2-Calcul de ΔP 58
III.3-Calcul de Vitesse maximale 58
Conclusion 59

Chapitre V : Etude des tuyauteries et choix du surpresseur..........................60

Introduction...61
I-Outils théoriques..61
I.1-Généralités sur les surpresseurs...61
I.2- Rappels sur les pertes de charges..62
I.3- Calcul des pertes de charge..63
I.3.1- Pertes de charge linéaires..63
I.3.2- Pertes de charge singulières...66
II-Calculs théoriques..66
II.1-Conception et dimensions de réseau de tuyauteries....................................68
II.2-Calcul des débits au niveau des aéroglissières de fond 70
II.3- détermination des pertes de charge par tronçon...70
II.3.1-Circuit de refoulement 70
II.3.2-Circuit d'aspiration 77
II.4-Détermination des pertes de charge dans le circuit le plus défavorable..........77
II.5-Détermination de HMTr...78
II.6-Détermination de P_h..78
Conclusion 78

Conclusion et perspectives...79

Références bibliographiques..81

Annexes 82

Glossaire et liste des Abréviations

C.A.T: *Ciments artificiels de TUNIS*

C.B: *Ciments de BIZERTE*

C.G : *Ciments de GABES*

C.I.O.K : *Ciments d'OUM ELKELIL*

C.E : *Ciments d'ENFIDHA*

C.J.O : *Ciments de JEBEL EL OUST*

SO.T.A.CI.B : *Société TUNISO ANDALOUSE de Ciment Blanc*

Portland : *Le nom Portland provient d'une ile de grande Bretagne où était extraite une pierre grise de composition et d'aspect analogue au ciment. Le ciment Portland est un générique qui désigne les ciments hydrauliques de base très efficace et de qualités, ils sont obtenus par mouture de clinkers résultants de la cuisson d'un mélange précis de calcaire, de silice et d'alumine et éventuellement d'autres constituants.*

Pouzzolanique : *C'est une roche volcanique*

AERZEN : *AERZEN France est une société spécialisée dans le domaine des Centrales hydrauliques et des Compresseurs.*

Haut titre: *mélange à haut teneur en carbonate de calcium ($CaCO_3$).*

Bas titre : *mélange de calcaire et de marne pour avoir une matière à basse teneur en $CaCO_3$*

AutoCAD : *est un logiciel de dessin assisté par ordinateur (DAO) créé en 1982 par Autodesk*

RDM6 : *est un logiciel de simulation qui permet de faire la résistance des matériaux*

Nomenclature

A	Aire de la section (m^2)
Ar	Nombre d'Archimède
A_v	Aire de cisaillement (cm^2)
C_o	Coefficient maximal d'amplification de la pression sur la paroi verticale
C_h	Coefficient d'amplification de la pression horizontale
C_w	Coefficient d'amplification de la contrainte de frottement sur la paroi verticale
C_z	Coefficient de Janssen
C_d	Coefficient de trainé
d_c	Dimension caractéristique d'une section (m)
d	Diamètre du cylindre (m)
$d_{(i)}$	Diamètre de la canalisation (m)
D_{silo}	Diamètre de silo (m)
D_p	Diamètre de des particules, (m)
e	La plus grande des deux valeurs ei et eo (m)
e_i	Excentricité due au remplissage (m)
e_o	Excentricité à partir du centre de l'orifice de sortie (m)
F_p	Force horizontale totale due à la pression localisée, sur un silo à paroi mince (KN)
g	Accélération due à la pesanteur. (m/s^2)
h	Hauteur de silo (m)
H_0	Hauteur d'un lit fixe de particules (m)
HMTr	Hauteur manométrique (mCF)
$J_{lin(i)}$	La perte de charge linéaire (mCF)
$J_{sing(i)}$	La perte de charge singulière (mCF)
J_T	La perte de charge totale (mCF)
$K_{s,m}$	Valeur moyenne du rapport de pression horizontale/verticale
K_1, K_2	Constantes Wen et Yu
L_{cy}	Longueurs de demi-cylindre isolé (m)
$L_{(i)}$	Longueur de la conduite (m)

Nomenclature

$M_{y,z}$	Moment fléchissant (N.m)
M_g	Viscosité du gaz, (Pa.s)
N	Effort maximal de traction (N)
P_h	Pression horizontale due à la matière ensilée (KPa)
P_{he}	Pression horizontale lors de la vidange (KPa)
P_{hf}	Pression horizontale en fin de remplissage (KPa)
P_{ho}	Pression horizontale en fin de remplissage, à la base de la zone à parois verticales (KPa)
P_p	Pression localisée (KPa)
P_{ps}	Pression localisée dans les silos circulaires à paroi mince (KPa)
P_s	Surpression à la transition (KPa)
P_v	Pression verticale due à la matière ensilée (KPa)
P_{ve}	Pression verticale lors de la vidange (KPa)
P_{vf}	Pression verticale en fin de remplissage (KPa)
P_{vo}	Pression verticale en fin de remplissage à la base de zones à parois verticales (KPa)
P_{eff}	Pression effective (bar)
P_{silo}	Poids de silos (N)
p_{silo}	Pression répartie sur la structure (KN/mm^2)
$\boldsymbol{P_h}$	Puissance hydraulique en (KW)
ΔP	Perte de charge (bar)
$\Delta P_{lin,sing(i)}$	Perte de charge (Pa)
$Q_{(i)}$	Débit en (m^3/s)
Rpe	Résistance pratique d'extension (MPa)
Re_{pmf}	Nombre de Reynolds au minimum de fluidisation
Re_p	Nombre de Reynolds rapporté a la particule.
Re	Nombre de REYNOLDS
s	Dimensions de la zone affectée par la charge localisée (s = 0,2 dc) (m)
S	Section en [m^2]
S_f	surface filtrante (m^2)
t	Epaisseur de paroi ou de cylindre (m)

Nomenclature

$T_{y,z}$	Effort tranchant (N)
U	Périmètre intérieur de la section de la zone à parois verticales (m)
U_{mf}	Vitesse minimale de fluidisation (m /min)
U_t	Vitesse terminale de chute (m/min)
U_{mb}	Vitesse minimale de bullage (m/min)
v	Vitesse du fluide (m/s) $v = \dfrac{Q}{S}$
$W_{el,pl}$	Moment de résistance (cm³)
z	Profondeur en dessous de la surface équivalente, au niveau de remplissage maximum (m)
zo	Paramètre utilisé pour le calcul des actions.(m)
α	Angle moyen d'inclinaison de la paroi de la trémie mesuré à partir de l'horizontale (°)
β	Coefficient d'amplification de la pression localisée
ϒ	Poids volumique de la matière ensilée (KN/m³)
ε_{mf}	Porosité d'un lit de particules au minimum de fluidisation
ε	Rugosité en (mm)
ε_0	Degré de vide d'un lit de particules fixes,
$\zeta_{(i)}$	Coefficient de perte de charge singulière
λ	Facteur de perte de charge répartie
μ	Coefficient de frottement sur la paroi
μ_{air}	Viscosité de l'air
ρ_p	Masse volumique des particules, (kg/m³)
ρ	Masse volumique du fluide (kg/m³)
ρ_g	Masse volumique du gaz. (kg/m³)
σ_{we}	Contrainte de frottement sur la paroi verticale lors de la vidange (KPa)
σ_{wf}	Contrainte de frottement de paroi en fin de remplissage (KPa)
$\sigma_{x,y,z}$	Contrainte normale (MPa)
φ	Angle effectif de frottement interne (°)
Φ_s	La sphéricité

Liste des figures

Figure I-1 : Ressources Humaines année 2011..6

Figure II-1 : Vue de face de l'unité..18
Figure II-2 : Coupe du cône..19
Figure II-3 : Vue de dessous du fond de silo..19
Figure II-4 : Vue de face d'un secteur du fond...20
Figure II-5 : Vue de gauche d'un secteur du fond..20

Figure III-1 : Courbes des actions au remplissage...31
Figure III-2 : Courbes des actions à la vidange..34
Figure III-3 : Contraintes appliquées sur la section (S1)...35
Figure III-4 : Epaisseur en fonction de la profondeur Z..38
Figure III-5 : Conception de la structure porteuse de silo...40
Figure III-6 : Déformation de la structure sous chargement de $185kN/m^2$.................41
Figure III-7 : Effort normal (N)..42
Figure III-8 : Efforts tronchant T_y et T_z..43
Figure III-9 : Moments fléchissant M_{fy} et M_{fz}..44
Figure III-10 : Module de la contrainte normale σ..45

Figure IV-1 : Régimes de fluidisation des particules selon leur appartenance aux différentes catégories de la classification de Baeyens et Geldart..52

Figure V-1 : Diagramme de MOODY..65
Figure V-2 : Schéma simplifié de réseau d'alimentation d'air...68
Figure V-3: Schéma de la section A1 ou A3..68
Figure V-4 : Schéma de la section A2...69
Figure V-5 : Un secteur de fond de fluidisation...69

Liste des tableaux

Tableau I-1 : Statistique de l'emploi dans l'industrie du ciment..................................4

Tableau III-1: Poids volumiques et angles de frottement interne de différents Produits.......26

Tableau III-2: Actions fixes au remplissage en fonction de Z.......................................31

Tableau III-3: Actions fixes à la vidange en fonction de Z..34

Tableau III-4: Epaisseur en fonction de la pression horizontale P_{he}............................38

Tableau V-1 : Rugosité de différents matériaux usuels...64

Introduction générale

Le ciment est un matériau essentiel pour la construction, et à cause de ça la demande continuelle de cette matière par la civilisation a poussé le secteur de cimenterie de faire des énormes progrès technologiques et économiques qui le rend un des premiers secteurs d'activité au monde et un des employeurs les plus importants. C'est pour ça la production mondiale de ciment a plus que doublé ces 15 dernières années, principalement en raison du boom de la production dans les pays émergents et surtout en Afrique.

L'industrie du ciment en Afrique est donc devenue, ces dernières années, un secteur très porteur et plein d'avenir. Une vingtaine de nouvelles cimenteries devraient également voir le jour d'ici 2015, selon les chiffres d'Ecobank [1] publié en 2012. Ce qui évidemment va contribuer à l'augmentation de la production du ciment sur le continent africain, passée de 50 millions de tonnes en 2010 à 110 millions de tonnes en 2015.

Le marché du ciment en Afrique, particulièrement en Tunisie, se situe dans une phase embryonnaire par rapport aux autres marchés mondiaux, notamment ceux européen, américain et asiatique. A cet effet, une importante marge d'évolution s'offre à cette industrie, afin d'assurer son expansion.

Donc dans le cadre d'augmentation de l'expédition et afin de satisfaire le besoin de civilisation de cette matière qui est en croissance continuel, les Ciments de Bizerte doit faire face à de nombreux défis liés à la forte concurrence qui règne au sein de l'industrie mondiale de la cimenterie et de l'exploitation minière.

Dans ce contexte, il devient essentiel de pouvoir trouver de nouvelles solutions industrielles pour moderniser l'outil de production et améliorer sa rentabilité, garantir les flux de production en sécurisant un haut niveau de qualité et accélérer l'activité de recherche et développement pour demeurer compétitifs.

Pour répondre à cette question, une meilleure connaissance du secteur, en toute objectivité, est absolument nécessaire.

Dans ce cadre et en partenariat entre l'ENIB et les ciments de Bizerte, j'ai eu l'occasion de réaliser ce projet qui a pour objectif de faire la conception et l'étude d'une nouvelle unité de chargement des camions en ciment vrac afin d'augmenter l'expédition.

Le travail réalisé est présenté dans ce livre sous forme de 5 chapitres :

> ➤ **Le premier chapitre** est consacré à la présentation de la société et de la technologie de fabrication du ciment. En commençant l'étude de notre projet nous avons conçu et dimensionné les différentes parties de cette unité dans **le deuxième et le troisième chapitre**. Ensuite nous avons étudié la méthode choisie de fluidisation de la matière ensilé dans **le quatrième chapitre**. Avant de conclure et grâce à la méthodologie de détermination de la perte de charge dans le circuit d'aire, nous avons sélectionné dans **le dernier chapitre** le surpresseur qui va accomplir cette mission.

Chapitre I

Généralités et présentation de la société

I-Evolution du secteur de production du ciment

L'évolution rapide de la construction dans le monde a entrainé une évolution considérable du secteur de production du ciment.

I.1-Les ciments dans le monde

En 2000, plus de 1,5 milliards de tonnes de ciment ont été produites, et certaines prévisions font état d'une production annuelle mondiale de 3 milliards de tonnes de ciment, en 2020. Même si le ciment se fabrique dans plus de 150 pays, un tiers de la production mondiale est réalisé en Chine. D'ailleurs, il y a 10 à 20 ans, de nombreux sites sont ouverts dans les pays émergents, et ces nouvelles installations sont généralement plus efficientes et plus « propres » que celle construites dans les pays maturés et ce suite au renouvellement des techniques de fabrication surtout dans les domaines de l'économie d'énergie et de l'environnement.

L'industrie du ciment dans le monde fait employer environs 5130 salariés. Dans le tableau (I.1) nous présentons le nombre estimé de la main d'œuvre utilisée dans le secteur du ciment au monde entre 2001 et 2004.

Tableau I-1:Statistique de l'emploi dans l'industrie du ciment

Emplois directs Au 31 Décembre	2001	2002	2003	2004
Nombre de salariés estimés en mille employés	5219	5176	5132	5130

L'industrie du ciment est une industrie nécessitant des investissements importants. Ce secteur est classé parmi les industries à intensité capitalistique les plus fortes. Sa rentabilité se situe autour de 10% de son chiffre d'affaires (sur la base des bénéfices avant impôts et avant remboursement des intérêts).

I.2-Les ciments en Tunisie

Le secteur cimentier se compose actuellement de 6 usines de ciment gris et une usine de ciment blanc :
- Ciments artificiels de TUNIS (C.A.T).
- Ciments de BIZERTE (C.B.).
- Ciments de GABES (C.G).
- Ciments d'OUM ELKELIL (C.I.O.K).
- Ciments d'ENFIDHA (C.E).
- Ciments de JEBEL EL OUST (C.J.O.).
- Société TUNISO ANDALOUSE de Ciment Blanc (SO.T.A.CI.B).

Jusqu'en octobre 1998 toutes les usines de ciment gris appartenaient à l'État tunisien tandis que le capital de l'usine de ciment blanc était partagé à parts égales entre la Tunisie et L'Algérie. Depuis octobre 1998, et jusqu'au début de 2005, 04 usines de ciment gris ont été privatisées dans le cadre d'appels d'offres internationaux.la Tunisie a adopté une stratégie de privatisation par étapes des cimenteries dans le but d'assurer les besoins du marché local.

Vers la fin de 2005 l'usine de ciment blanc a été privatisée. En 2005, la production a enregistré une augmentation de 25,3 % grâce à l'augmentation de capacité de production opérée par certaines cimenteries d'une part et au niveau de pilotage élevée d'autre part:

I.3-Les Ciments de Bizerte

La société " Les Ciments de Bizerte (CB) " est une société anonyme qui opère dans le secteur des liants hydraulique depuis plus que cinquante ans. Elle a été crée le 1er novembre 1950, elle a obtenue l'autorisation d'exercice le 21 Mars 1951 et a commencé la production en 1953 dans région appelée BAIE de SABRA. Située à 2.5 km de Bizerte.

Actuellement, la société dispose d'une quantité de matières premières nécessaires à la production pendant 60 ans sur la base de 1 350 000 tonnes de clinker par an et cette quantité peut assurer une vie de plus que 120 ans si l'expropriation des gisements existant tout près des carrières quelles exploite, comme elle est dotée d'un canal d'accès maritime s'étalant sur 8000 m² qu'elle exploite pour l'exportation de ses produits.

I.3.1-Historique

Le Ciment de Bizerte a été crée le 1er novembre 1950. Son origine était LES CIMENTS PORTLAND. La production n'est commencée qu'en 1953.

En 1961, la société a procédé au développement de l'activité négoce. Elle a pris son autonomie en 1963.

Et après l'émanation de sa nationalisation en 1976, la société a vue une énorme extension de ses activités, le financement de cette phase d'extension a été réalisé par des apports nouveaux en ressources permanentes. Elle a été certifiée pour une durée de vie de 99 ans.

L'effectif global moyen est de 600, dont 28% de maîtrises et 55% d'exécution et 17% de cadres. (Figure I-1)

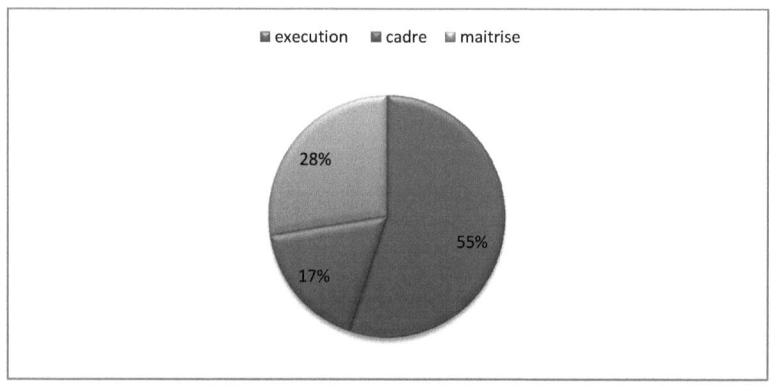

Figure I- 1 : Ressources Humaines année 2011[2]

I.3.2-Présentation technique

Depuis son extension en 1978, l'usine fonctionne en voie sèche intégrale. Sa production actuelle est d'environ 900 000 tonnes de clinker, actuellement les Ciments de Bizerte est en phase de mise à niveau et des études pour doubler sa capacité nominale sont en cours. Les réserves connues de matières premières assurent environ 60 ans d'approvisionnement de l'usine. Les montagnes qui entourent l'actuel gisement permettraient à l'usine une longévité plus importante. Les gisements des matières premières de la Société des Ciments de Bizerte sont essentiellement composés de :

- Calcaires : nécessitant le tir à l'explosif pour leur abattage. Les calcaires sont constitués, principalement, de carbonate de calcium titrant au minimum 90% de $CaCO_3$, ils sont relativement faciles à broyer.

- Marnes : Les marnes sont des roches sédimentaires, formées essentiellement par un mélange d'argiles et de calcaires et, rarement, de dolomies. En général, les marnes sont d'excellentes matières premières pour la fabrication du ciment du fait qu'elles contiennent les constituants chimiques nécessaires.

La production annuelle de ciment aux Ciments de Bizerte correspond à environs 21% de la production nationale et sa capacité ne représente que 16,63% de celle du pays. La majorité des expéditions ont lieux vers les régions locales et vers le grand Tunis.

L'exportation et l'importation de la grande partie, des liants hydrauliques se fait généralement du quai de la société et ce soit directement des produits fabriqués par les Ciments de Bizerte soit transporté d'autres unités de production en Tunisie.

Les Ciments de Bizerte sont chargés de stabiliser le marché dans la matière du ciment et s'en assurant les importations des produits hydrauliques quand la production nationale est inférieure aux demandes, et quand cette production excède la demande les ciments de Bizerte passe à l'exportation.

II-Etude descriptive du ciment

D'après la norme Européenne CEN 197-1 [3] : Le ciment est une poudre finement broyée, non métallique et inorganique qui, une fois mélangée avec une adjonction d'eau, forme une pâte qui prend et durcit. Ce durcissement hydraulique est principalement dû à la formation d'hydrates de silicates de calcium sous l'effet de la réaction entre l'eau du mélange et les constituants du ciment. Dans le cas des ciments alumineux, le durcissement hydraulique est dû à la formation d'hydrates d'aluminates de calcium.

II.1-Différentes étapes de fabrication du ciment

Afin d'obtenir le produit final la matière première passe par ces étapes de fabrication :

II.1.1- Carrière

La matière première est extraite des parois rocheuses d'une carrière à ciel ouvert par abattage à l'explosif.

Après l'abattage des fronts de taille du calcaire, la matière est transportée vers le concasseur par des engins.

Les marnes proviennent de l'excavation directe à partir du front par chargeuse.

II.1.2- Concassage

Le concasseur est une machine qui procède au fractionnement des roches provenant des fronts et ayant de grosse taille (0 à 1000 mm). Généralement, il est appelé concasseur primaire.

Ensuite, la matière concassée est acheminée par bande transporteuse de 2.2 km et de 1000 mm de largeur vers le hall de préhomogénéisation.

II.1.3-Préhomogénéisation

Le hall de pré-homogénéisation est constitué de 4 tas de mélange des différentes qualités des matières premières dont :

- 2 tas de Haut titre l'une en état de formation à travers la carrière et l'autre en état de reprise avec le gratteur vers le broyeur à cru.
- 2 tas de bas titre l'une en état de formation à travers la carrière et l'autre en état de reprise avec le gratteur vers le broyeur à cru.

La matière est disposée en couches horizontales superposées qui sera repris transversalement et acheminée vers les trémies d'alimentation du broyeur à cru.

II.1.4 -Broyage de matière première : poudre crue

Pour produire des ciments de qualité constante, les matières premières doivent être très soigneusement échantillonnées, dosées et mélangées de façon à obtenir une composition parfaitement régulière dans le temps. Pour obtenir la composition chimique voulue, il est en générale nécessaire d'affiner cette composition par des ajouts correctifs (minerai de fer dans le cas de **C.B**).

L'alimentation des matières premières est assistée par un système informatique qui détermine le taux d'intégration de chaque composant « Haut Titre, Bas Titre et Minerai de Fer », selon la composition désirée.

Le Haut titre (HT) est obtenu par concassage et pré-homogénéisation du calcaire exploité aux carrières, tandis que le bas titre (BT) est obtenu par concassage simultané du calcaire et de marne qui est assuré par le passage en alternance des camions de chaque matière.

La matière première est broyée dans un broyeur à galet « broyeur vertical » qui renferme trois galets qui pivotent en continu sur la couche du mélange des matières à broyer et aucune force de pression n'est actionnée directement sur la surface de l'assiette. La capacité nominale du broyeur est de 280 tonnes par heure du mélange humide.

II.1.5- Homogénéisation

L'homogénéisation de la poudre crue dans les silos de stockage est assurée par un circuit d'air comprimé à co-courant qui fonctionne par secteur en permettant de maintenir la poudre en suspension et facilitant ainsi l'introduction directe de cette poudre dans le four sous forme pulvérulente.

II.1.6- Cuisson et clinkérisation

La cuisson de la poudre crue se fait par un transfert de chaleur à contre-courant dans un four rotatif, essentiellement constitué par un tube cylindrique tournant de 1,5 à 3 tours par minute (1,5 pour le cas des **Ciments de Bizerte**) et ayant une pente de 3 à 4%. De tels fours ont une longueur de 30 à 100 mètres (178 m pour les **Ciments de Bizerte**) et un diamètre de 2 à 6 mètres (5,25 m pour le four II des **Ciments de Bizerte**).

II.1.7- Broyage du ciment

Le ciment est obtenu par broyage simultané des granules du clinker, 5% en masse du gypse et éventuellement d'autres constituants tels que calcaire, laitier etc.... L'opération du broyage du clinker est effectuée dans des broyeurs cylindriques à boulets. A la fin de l'étape du broyage le ciment est stocké dans des silos spécifiques selon la qualité produite.

II.1.8- Expéditions

Les Ciments de Bizerte assurent ces expéditions par différentes voies :

Chap. I : généralités et présentation de la société

✓ Voie routière : sacs et vrac
✓ voie verrée : sacs
✓ voie maritime : sacs, vrac et big bags (sac de 1.5 T).

II.2- Caractéristiques du ciment

Selon la norme CEN 197-1 [3], les ciments courants sont subdivisés en cinq types principaux :

- Ciment Portland.
- Ciment Portland Composé
- Ciment de haut fourneau
- Ciment pouzzolanique
- Ciment au laitier et aux cendres

Le ciment est composé de ces ingrédients :

✓ *Composant essentiel : Le Clinker*

Le clinker est le composant de base du ciment. Il représente un teneur minimale comprise entre 95% pour les ciments de type I et 45% pour les ciments du type V.

✓ *Composant secondaire : gypse ($CaSO_4.2\ H_2O$)*

Le sulfate de calcium est un produit incorporé sous forme du gypse ($CaSO_4$, $2H_2O$) ajouté pour régulariser la prise.

✓ *Les différents ajouts*

Les différents ajouts minéraux additionnés au clinker sont :

- Le laitier granulé des hauts fourneaux (S): il est obtenu par refroidissement rapide de la scorie fondue provenant de la fusion de minerai de fer dans un haut fourneau. C'est un matériau hydraulique latent, c'est à dire qui présente des propriétés hydrauliques lorsqu'il subit une activation convenable.

- Les pouzzolanes naturelles (Z) : Ce sont des matériaux d'origine volcanique. En présence d'eau et d'hydroxyde de calcium dissous (Ca(OH)$_2$) elles forment des silicates et des aluminates de calcium développant des résistances mécaniques (réaction pouzzolanique lente).

- Les fumées de silice (D): les fumées de silice sont formées de particules sphériques très fines, de très haute pureté en silice amorphe et donc très réactives (réaction pouzzolanique très rapide). Ce type de ciment aux fumées de silice est principalement utilisé dans les bétons dits à hautes performances.

- Les cendres volantes siliceuses (V): la cendre volante siliceuse est une poudre fine. Elle contient principalement de la silice réactive (SiO_2) et de l'alumine (Al_2O_3) et de l'oxyde de fer (Fe_2O_3) dans une moindre mesure.

- Les cendres volantes calciques (W): la cendre volante calcique est une poudre fine ayant des propriétés hydrauliques et pouzzolaniques. Elle contient principalement de la chaux réactive (CaO), de la silice réactive (SiO_2) et de l'alumine (Al_2O_3).

- Les schistes calcinés (T): les schistes calcinés contiennent principalement du silicate bicalcique et de l'aluminate mono calcique. Ainsi, les schistes calcinés finement broyés ont de fortes propriétés hydrauliques, (comme le ciment Portland) couplées à des propriétés pouzzolaniques.

- Les calcaires (L): ce sont des poudres de calcaire qui doivent satisfaire aux spécifications suivantes :

    - Teneur en calcaire $CaCO_3 \geq 75\%$ en masse.
    - Teneur en argile   adsorption de bleu de méthylène $\leq$ 1,2% en masse.
    - Teneur en matières organiques   (T.O.C) $\leq 0.50\%$ en masse.

Pour les Ciments de Bizerte le seul ajout utilisé lors de fabrication de ses différents types du ciment est le calcaire concassé provenant des ses carrières.

Conclusion

Après que nous avons analysé la situation actuelle du secteur de cimenterie dans le monde et plus particulièrement en Tunisie, nous constatons qu'il faut augmenter l'expédition afin de satisfaire les besoins de marché et de la civilisation de cette matière. Donc dans ce cadre nous avons pu élaborer ce projet dans la société ciments de Bizerte qui va être détaillé dans les prochains chapitres.

Chapitre II

Description et conception de la nouvelle installation

Chap. II: Description et conception de la nouvelle installation

Introduction

Pour commencer notre étude, nous présentons dans ce chapitre la conception de l'unité avec les solutions proposés et une description détaillée de ses différents accessoires utilisés pour le stockage et le chargement des camions.

I-Etude bibliographique
I.1-les techniques modernes de stockage : les silos

Un silo est réservoir de stockage destiné à entreposer divers produits en vrac (pulvérulents, en granulés, en copeaux..) utilisés dans diverses industries (brasseries, cimenteries, matières plastiques, engrais, matériaux divers...) et dans le domaine agricole. Il se différencie d'une trémie par le fait qu'il est hermétiquement fermé. Le terme a été emprunté à l'espagnol.

Ces silos sont équipés d'un matériel adéquat permettant une manutention rapide et un bon contrôle du stock. Les principaux matériaux utilisés dans la construction sont : le métal et le béton armé. Les deux variantes peuvent présenter plus d'avantages l'une par rapport à l'autre selon les cas. Le choix de l'un ou de l'autre tient compte aussi bien des considérations techniques qu'économiques.

✓ **Les Silos métalliques :**

Selon la forme géométrique des cellules et la nature des parois métalliques, on distingue deux principaux types de silos :

<u>Silo cylindriques en tôles nervurées ou ondulées :</u>

Ils sont constitués de tôles généralement galvanisées a nervurassions, et à ondes horizontales.

Ces tôles sont cintrées et percées en usine. Elles sont assemblées entre elles fixées aux montants verticaux par boulonnage. Ces derniers sont en tôles galvanisées profilées « en U », ils assurent la rigidité des tôles dans le sens vertical. Les montants verticaux équilibrent l'effort de frottement exercé par la matière ensilée sur les parois, et supportent le poids propre de silo. Il est préférable de placer les montants à l'extérieur de la cellule, autrement, ils forment des creux avec les ondulations de la tôle qui retient le grain au moment de la vidange.

Silo cylindriques en tôles lisses :

La cellule cylindrique est construite avec viroles en tôles en acier, assemblées par boulonnage avec interposition d'un cordon d'étanchéité ou par soudage. La tôle utilisée dans la construction étant lisse, elle n'entraine aucune résistance à l'écoulement du produit lors de la vidange. L'utilisation de l'acier galvanisé, confère à l'installation une bonne protection contre la corrosion.

I.2-Acier/Béton : Avantages, inconvénients

Par rapport aux structures en béton, armé ou précontraint, les structures métalliques présentent de nombreux avantages, et certains inconvénients [4] :

Les principaux avantages sont:
- ✓ Industrialisation totale : il est possible de pré-fabriquer intégralement des bâtiments en atelier, avec une grande précision et une grande rapidité (à partir des laminés). Le montage sur site, par boulonnage, est une grande simplicité.
- ✓ Transport aisé, en raison du poids peu élevé, qui permet de transporter loin, en particulier à l'exportation.
- ✓ Résistance mécanique :
  - La grande résistance de l'acier à la traction permet de franchir de grandes portées,
  - La possibilité d'adaptation plastique offre une grande sécurité,

Chap. II: Description et conception de la nouvelle installation

- La tenue aux séismes est bonne, du fait de la ductilité de l'acier, qui résiste grâce à la formation de rotules plastiques et grâce au fait que la résistance en traction de l'acier est équivalente à sa résistance en compression, ce qui lui permet de repondre des inversions de moments imprévus,
- ✓ Modifications : les transformations, adaptations ,surélations ultérieures d'un ouvrage sont aisément réalisables.
- ✓ Possibilités architecturales beaucoup plus étendues qu'en béton.

<u>Les inconvénients sont :</u>
- ✓ Résistance en compréssion moindre que le béton.
- ✓ Susceptibilité aux phénoménes d'instabilité élastique, en raison de la minceur des profils,
- ✓ Mauvaise tenue au feu, exigeant des mesures de protection onéreuses,
- ✓ Nécessité d'entretien régulier des revêtements protecteurs contre la corrosion, pour assurer la pérennité de l'ouvrage.

II-Conception de la nouvelle unité

Afin d'installer la nouvelle unité, nous avons trouvé que le meilleur emplacement, selon les spécificités techniques demandées, est au prés des silos numéros 3 ,4 et 5.

II.1- Quelques vues en 3D de l'unité

La figure (II-1) représente une vue globale de la nouvelle unité.

Chap. II: Description et conception de la nouvelle installation

Figure II-1: Vue de face de l'unité

La pression de la matière pendant le remplissage du silo peut causer des endommagements au centre qui est la zone la plus fragile du silo donc afin d'éviter ce problème nous avons ajouté à la conception un cône qui sert à propager et éloigner la matière du centre et aussi il contient des tunnels qui guide le ciment vers la sortie comme le montre les figures (II-2) et (II-3) :

Figure II-2: Coupe du cône

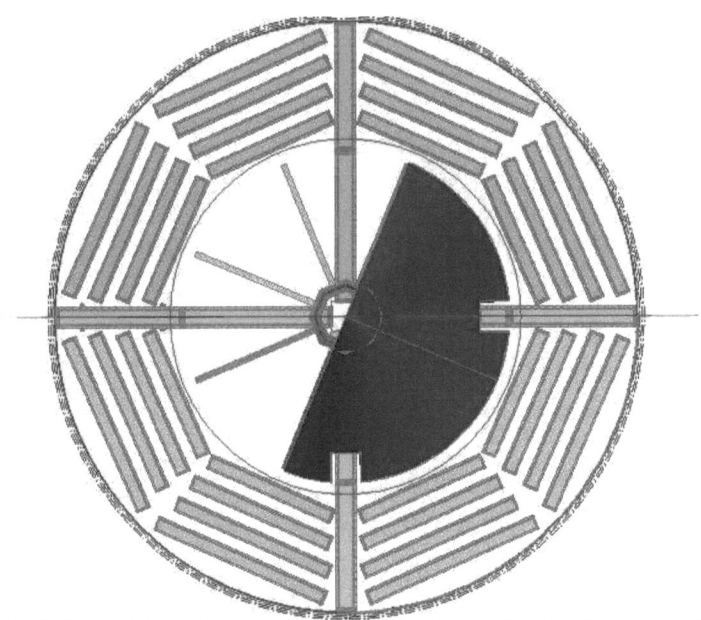

Figure II-3: Vue de dessous du fond de silo

Afin d'accomplir la mission de fluidisation de la matière ensilée nous avons fait la conception d'un fond fluidisé par un ensemble d'aéroglissières qui sont devisés en 4 secteurs alimentés par l'aire et commandés par des électrovannes, voir figures (II-4) et (II-5) :

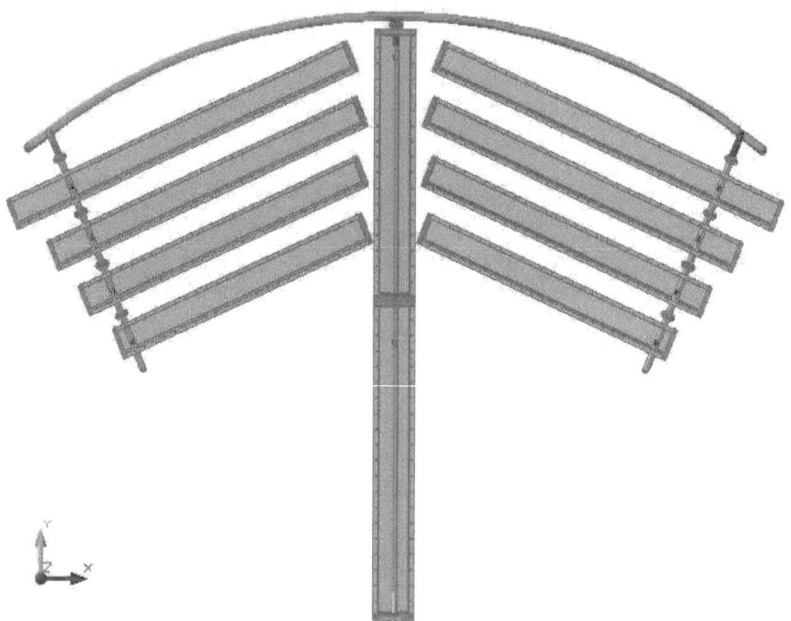

Figure II-4: Vue de face d'un secteur du fond

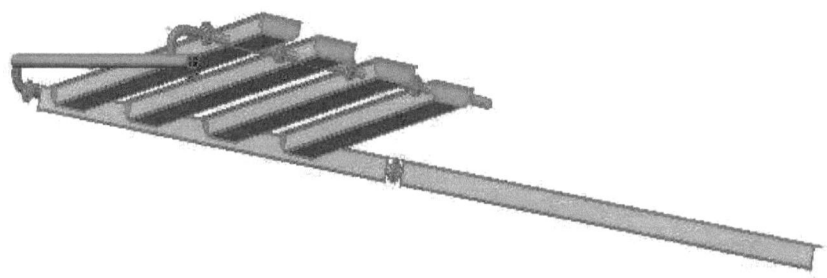

Figure II-5: Vue de gauche d'un secteur du fond

II.2-Liste des accessoires utilisés dans l'installation

Dans le but d'accomplir l'opération de stockage et chargement des camions en ciment vrac nous avons besoin d'utilisé :

❖ **Filtre à manches :**

Pour transporter le ciment de distributeur au silo, l'usine utilise le transport pneumatique par aéroglissiéres et cette procédure engendre des poussières qui peuvent être gênant pour les travailleurs et pour l'environnement donc afin de diminuer la propagation de ces particules fines on va utiliser 2 filtres à manches :

- ✓ filtre silo à fond ouvert pour l'alimentation de silo ;
- ✓ filtre à poches pour le chargement camions ;

Principe de fonctionnement :

Le filtre à manches ou collecteur sec de poussière est une unité enfermée qui contient des sacs en toiles. Ce système fonctionne beaucoup comme un aspirateur et il n'est normalement pas nécessaire d'arrêter le procédé de production.

De l'air chargé de poussière est poussé ou tiré par les sacs à filtre pour séparer les particules de l'air propre. La première génération des filtres à manches emploie des secousses mécaniques ou des méthodes de nettoyage à air inverse.

Ces équipements sont parmi ceux qui sont les plus efficaces et les moins chers ; ils peuvent atteindre des rendements supérieurs à 99 % même pour des très fines particules.

Surface filtrante de ces deux filtres :

Pour calculer la surface filtrante du filtre silo à fond ouvert nous avons :

- ✓ Le débit d'alimentation silo en ciment est 200 t/h alors en pratique le débit filtrant est 1,3 de ce premier d'où :

Chap. II: Description et conception de la nouvelle installation

- Débit filtrant : $Q_a * 1,3 = Q_f$ AN => $200 * 1,3 = 260\ t/h$

  Avec Q_a est le débit d'alimentation de silo

  ✓ En sachant que la surface filtrante nécessaires pour un débit égale à 1000m³/h pour le secouage pneumatique est 9m² et avec la règle de trois nous pouvons déterminer la surface filtrante nécessaire pour ce filtre :

$$s_f = \frac{260 * 9}{1000} = 2,35 m^2$$

Pour le Filtre à poches nous avons :
  ✓ Le débit de vidange de silo est 150 t/h alors en faisant le même calcul que précédent nous trouvons :

- Débit filtrant : $Q_v * 1.3 = Q_f$ AN => $150 * 1.3 = 195\ t/h$

  Avec Q_v est le débit de vidange

  ✓ Avec la règle de trois nous pouvons déterminer la surface filtrante nécessaire pour ce filtre :

$$s_f = \frac{150 * 9}{1000} = 1.8\ m^2$$

❖ **Mesure de niveau par palpeur électromécanique :**

Un palpeur fixé sur un câble à enrouleur motorisé, descend jusqu'au contact du produit. Au contact du produit le contrepoids arrête le moteur puis entraine automatiquement la remontée. La distance déroulée est directement en fonction du niveau de produit solide dans le silo. Selon la densité du produit seul le contrepoids est à régler. Le niveau peut être mesuré dans des silos sur des produits solides poussiéreux, à faible et moyenne granulométrie. Le système est insensible aux poussières, brouillard, vibrations, bruit.

Chap. II: Description et conception de la nouvelle installation

❖ **Vanne guillotine à commande manuelle M400 :**

Cette trappe a pour but de relâcher ou arrêter le flux de matière pulvérulente qui sort de silo donc en cas de panne ou un problème dans le silo, par l'intermédiaire de la vanne guillotine à commande manuelle nous pouvons arrêter le flux de matière sortie jusqu'à la réparation.

❖ **Vanne doseuse à commande pneumatique T200:**

La vanne doseuse à cassette sert au dosage d'un flot de matière dans les installations pneumatiques destinées au transport de produits pulvérulents ou à la sortie des silos.
De plus, cette vanne peut assurer la fonction d'un organe d'isolement.

❖ **Bras de chargement pivotant capacité 150t/h :**

Il est évident que la procédure de chargement camions en ciment vrac doit être rapide et sans poussières et avec minimum de temps et d'énergies. Donc afin de satisfaire ces critères, pour la nouvelle unité nous allons utiliser un bras de chargement pivotant avec un chariot de déplacement horizontal pour que cette tache soit facile et précise.

❖ **Manche télescopique :**

Les manches télescopiques permettent le chargement de produit en vrac dans des conditions sûres et sans poussière à partir des silos vers les camions.
Ces manches sont composées de deux conduits : un conduit central pour transfert de la matière du silo vers le camion et un conduit périphérique pour récupération des poussières.
Cet équipement télescopique vient se positionner sur le trou d'homme du camion citerne par un cône d'accostage et assure le chargement.

Chap. II: Description et conception de la nouvelle installation

❖ **Pont bascule :**

Le pont-bascule (ou pont à bascule) est un dérivé de la bascule; il est destiné au pesage de camions, de véhicules industriels ou agricoles. La longueur du tablier (en béton ou métallique) peut atteindre une vingtaine de mètres, la portée s'évalue en dizaines de tonnes, elle peut dépasser 150 t pour les modèles dédiés au pesage de wagons.

Certains modèles, composés d'éléments démontables et transportables de faible poids, sont mobiles.

Conclusion

Tout au long de ce chapitre, nous avons eu l'occasion de détailler et décrire les différents accessoires qui facilitent l'opération de stockage et de chargement. À l'aide de la conception sur l'**AUTOCAD** nous avons eu une vue globale sur la forme de silo et ces dimensions qui sont détaillés dans le chapitre suivant.

Chapitre III

Dimensionnement de l'unité

Introduction

Un des problèmes importants dans la conception des silos est la prédiction de la distribution de contraintes s'exerçant sur les parois induite par le matériau granulaire stocké. Cette distribution dépend des paramètres du matériau granulaire et de l'écoulement lors du processus de remplissage et de vidange.

Donc en se basant sur la conception faite dans le chapitre précédent, nous étudions maintenant le comportement des matériaux utilisés dans l'installation due aux pressions exercés par la matière ensilée afin de dimensionner le silo, sélectionner les meilleurs choix de profilés et avoir les informations nécessaire pour la rentabilité de projet.

I-Dimensionnement du silo

Afin de déterminer les dimensions du silo nous avons ces données :

- ✓ Capacité exigée : 1000 t
- ✓ Débit de vidange : 150 t\h
- ✓ Débit de remplissage : 200t\h
- ✓ Masse volumique de ciment : $\rho = 1.25 t/m^3 = 1250\ kg/m^3$
- ✓ Surface spécifique de ciment : 3500cm²/g
- ✓ Diamètre de silo : $D_{silo} = 8m$

I.1-Valeurs caractérisant le produit ensilé et son interaction avec la paroi

Un produit ensilé est caractérisé par :

- son poids volumique Υ ;
- son angle de frottement interne (**Angle de talus naturel**) φ ;

Tableau III-1: Poids volumiques et angles de frottement interne de différents Produits

Produit	Υ (kN/m³)	φ (°)
Ciment	16	28
Clinker	14,7 à 15,7	33
Plâtre	12,25	25
Poudre de charbon	8,35	25

I.2- Choix de matériaux

Selon la norme EN10113 [8], les propriétés des matériaux spécifiques pour les constructions métalliques sont :

- module d'élasticité : E = 200 000 N/mm2
- coefficient de Poisson : ν = 0,30
- module de cisaillement : $G = 0,5\ E/(1 + \nu)$ = 77 000 N/mm2
- coefficient de dilatation thermique : $\alpha = 12 \times 10^{-6}\ °K^{-1}$
- masse volumique : ρ = 7 850 kg/m3
- Poids volumique : γ =77kN/m3
- contrainte limite élastique de cisaillement pur (critère de Von Mises) :

$$\tau_e = \frac{f_y}{\sqrt{3}} = 0{,}58 * f_y$$

Pour notre paroi de silo nous avons choisie l'acier de construction (S460) tel que :

fy =460MPa   et   fu =530MPa   (voir annexe 1)

I.3- Calcul de la hauteur du silo

En fixant le diamètre de silo qui égale à 8m nous pouvons déterminer la hauteur par cette relation :

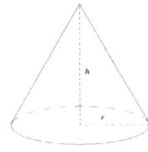

$$V_{totale} * \rho_{ciment} = 1000\ t$$
$$=> (V_{cylindre} - V_{cône}) * \rho_{ciment} = 1000\ t$$

Avec :

$$V_{cône} = \frac{1}{3} * 4^2 * 1{,}7 * \pi = 28{,}45\ m^3$$

D'où :

$$[h * (\pi * \frac{8^2}{4}) - 28{,}45] * 1{,}25 = 1000t$$

$$=> \boldsymbol{h = 15,4\ m}$$

- Le ciment ensilé dans notre silo est fluidisé par l'air donc pour qu'il n'y aura pas de surpression nous allons augmenter légèrement la hauteur du silo d'où nous allons admettre que : h=17m

I.4-Actions sur le silo dus aux matières granulaires

Les actions dues aux matières granulaires dépendent des éléments suivants [5]:
- les propriétés des matières granulaires ;
- la variation des caractéristiques du frottement sur les parois ;
- la géométrie du silo ;
- le procédé de remplissage et de vidange.

Il convient de choisir le modèle d'écoulement.

Pour déterminer le mode d'écoulement, l'angle de frottement sur la paroi peut être obtenu soit par l'essai, soit en utilisant les valeurs approchées du coefficient de frottement sur la paroi.

Les valeurs caractéristiques des actions au remplissage et à la vidange sont données pour les types de silos suivants :
- silos élancés : silo dont le rapport h/dc >1,5 ;
- silos plats : silo dont le rapport h/dc < 1,5 ;
- silos d'homogénéisation : Silo contenant une matière fluidifiée pour permettre son homogénéisation.

Tout appui apporté à la paroi des silos par la rigidité de la matière granulaire, peut être négligé dans les calculs. Cela signifie que l'interaction entre l'action de la matière ensilée et la déformation de la paroi peut être négligée.

I.4.1-Actions au remplissage

À la fin du remplissage, les valeurs de la contrainte de frottement sur la paroi, σ_{wf}, de pression horizontale, P_{hf} et de pression verticale, P_v, à toute profondeur, doivent être prises égale à [5] :

$$\sigma_{wf(z)} = \gamma \frac{A}{U} C_z(z) \qquad (III.1)$$

$$P_{hf(z)} = \gamma \frac{A}{\mu U} C_z(z) \qquad (III.2)$$

$$P_{V(z)} = \gamma \frac{A}{K_s \mu U} C_z(z) \qquad (III.3)$$

Où

$$C_z(z) = 1 - e^{(-\frac{z}{z_0})} \qquad (III.4)$$

$$z_0 = \frac{A}{K_s \mu U} \qquad (III.5)$$

γ   le poids volumique (k.N/m^3) ;

μ   le coefficient de frottement sur la paroi ;

K_s le rapport de pression horizontale/pression verticale ;

Z   la profondeur considérée (m) ;

U   le périmètre intérieur (m).

Zone à parois verticales

L'action au remplissage se compose d'une partie fixe et d'une partie libre, appelée action localisée. La partie fixe doit être calculée à partir des équations (III.1) et (III.2) et la pression localisée Pp doit être considérée comme agissant sur une partie quelconque de la paroi du silo ; elle est prise égale à [5] :

$$P_p = 0{,}2\beta P_{hf} \qquad (III.6)$$

Avec :

$$\beta = 1 + 4\,ei/dc \qquad (III.7)$$

Pour les silos circulaires à paroi mince, la pression localisée doit être considérée comme agissant sur une bande horizontale de hauteur s, égal à :

$$s = 0{,}2\,dc \qquad (III.8)$$

La force horizontale Fp due à l'action localisée, sur des silos métalliques non raidis est donnée par :

$$Fp = \frac{\pi}{2} s d_c P_p \qquad (III.9)$$

Une manière simplifiée d'appliquer cette action localisée à des silos circulaires à parois minces peut être utilisée. L'action peut être considérée comme agissant à une profondeur z_0 en dessous de la surface équivalente, ou à mi-hauteur de la zone à parois verticales.

Fonds plats

Les charges verticales agissant sur des fonds de silo horizontaux ou peu inclinés (d'inclinaison α ≤ 20°) doivent être calculées comme suit [5]:

$$P_{vf} = C_b * P_v \qquad (III.10)$$

Où :

P_v est calculé à l'aide de l'expression (III.3) ;

C_b est un coefficient d'amplification de la pression sur le fond tenant compte d'une répartition non uniforme de l'action calculé à l'aide de l'expression :

$$C_b = 1{,}2 \qquad (III.11)$$

Application numérique :

En se référent aux équations (III.1), (III.2), (III.3), (III.4) et(III.5) nous trouvons :

$$\sigma_{wf}(z) = 16 * \frac{50.3}{25} * C_z = \mathbf{32 * C_z}$$

$$P_{hf}(z) = \frac{32}{0.4} * C_z = \mathbf{80.5 * C_z}$$

$$P_v(z) = \frac{80.5}{0.5} * C_z = \mathbf{161 * C_z}$$

Avec :

section : $A = \dfrac{\pi 8^2}{4} = 50{,}3\,m^2$

périmétre : $U = 2\pi 4 = 25\,m$

D'après l'annexe (3) nous avons :

$\mu_m = 0{,}4$

$\gamma = 16\ KN/m^3$

$K_s = 0{,}5$

$z_0 = \dfrac{50.3}{0{,}5 * 0{,}4 * 25} = 10\,m$

$C_z = 1 - e^{(-\frac{z}{10})}$

Tableau III-2: Actions fixes au remplissage en fonction de Z

Z(m)	C_z	σ_{wf}(KPa)	P_{hf}(KPa)	P_v(KPa)
0	1	32	80.5	161
2	1.54	49.5	124	248
4	2.09	67	168.3	336.5
6	2.63	85	211.7	423.5
8	3.17	102	255.2	510.37
10	3.71	119	298.7	597.3
12	4.26	137	343	685.86
14	4.8	154	386.4	772.8
16.3	5.43	174	437	874.2
17	5.62	181	452.5	905

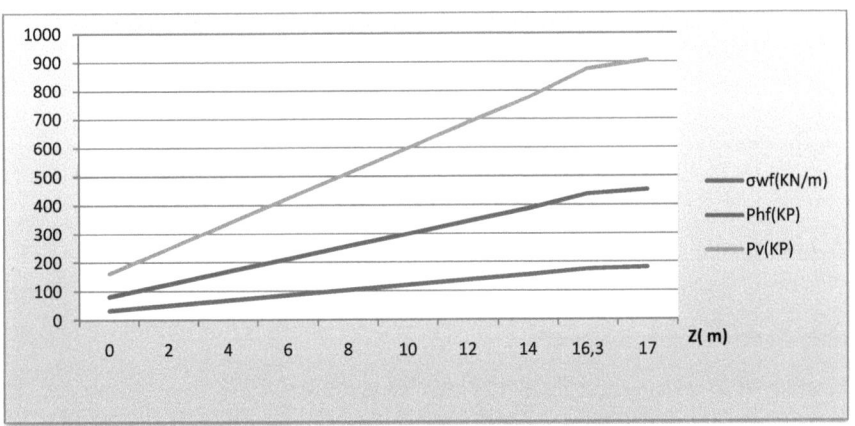

Figure III-1: Courbes des actions au remplissage

D'une manière simplifiée nous pouvons considérer que la pression localisée P_p due à l'opération de remplissage est appliqué à mi-hauteur de la zone à parois verticales du silo donc à distance égale à **8m**, alors selon les équations (III.6), (III.7), (III.8) et (III.9) nous avons :

$$P_p = 0.2 * P_{hf} \text{ (Pour z=8m)}$$

$$P_p = 0{,}2 * 255.2 = \mathbf{51\ KPa}$$

$$F_p = \frac{\pi}{2} * 1.6 * 8 * P_p = 20 * P_p$$

$$F_p = 20 * 51 = \mathbf{1020\ KN}$$

Avec : e_i a une faible valeur alors on néglige e_i/dc d'où :

$$\beta = 1$$

$$s = 0{,}2 * 8 = 1.6 m$$

Le fond de notre silo est considéré plat car l'inclinaison de trémie est inférieure à 20°($\alpha \leq 20°$).

Donc Les charges verticales agissant sur le fond doivent être calculées par l'équation (III.10) :

$$P_{vf} = 1.2 * P_v (\text{Pour } z=16.3)$$
$$\text{Avec :} \quad C_b = 1{,}2$$

$$P_{vf} = 1.2 * 874.2 = \mathbf{1050\ KP}$$

I.4.2-Actions à la vidange

Zone à parois verticales

Les actions à la vidange sont composées d'une partie fixe et d'une partie libre, appelée action localisée.

Les pressions fixes, σ_{we} et P_{he}, sont obtenues comme suit [5]:

$$\sigma_{we} = C_w * \sigma_{wf} \qquad (III.12)$$

$$P_{he} = C_h * P_{hf} \qquad (III.13)$$

Où :

C_w et C_h sont des coefficients d'amplification selon les expressions (III.14) et (III.15).

Pour les silos déchargés par le haut (sans écoulement) :

$$C_w = C_h = 1{,}0 \qquad (III.14)$$

Dans les autres silos élancés, les coefficients d'amplification de la contrainte de frottement et de la pression horizontale sur la paroi sont :

$$C_w = 1{,}1 \text{ et } C_h = C_o \text{ (voir annexe2)} \qquad (III.15)$$

La grandeur de la pression de vidange localisée, Pp, est la suivante :

$$P_p = 0{,}2 * \beta * P_{he} \tag{III.16}$$

P_{he} est calculée à partir de l'expression (III.13) ;

β dépend de l'excentricité la plus importante, entre celles au remplissage et à la vidange ;

$$\beta = 1 + 4e/d_c \tag{III.17}$$

Le calcul des actions localisées à la vidange, peut être effectué en utilisant les indications données pour les actions localisées au remplissage.

Fond plat et trémie

Pour les silos à écoulement en masse, une pression normale supplémentaire fixe due à la transition est appliquée, sur une distance suivant la pente de 0,2 dc, le long de la paroi de la trémie et autour du périmètre [5].

$$P_s = 2 P_{ho} \tag{III.18}$$

Où :

P_{ho} est la pression de remplissage horizontal à la transition.

Application numérique :

Les actions à la vidange sont composées d'une partie fixe et d'une partie libre, appelée action localisée.

La partie fixe est calculée par les équations (III.12) et (III.13) :

$$\sigma_{we} = 1.1 * \sigma_{wf}$$
$$P_{he} = 1.4 * P_{hf}$$

Avec :

$C_w = 1{,}1$ et $C_h = C_o = 1.4$ (selon l'annexe 2)

Tableau III.3: Actions fixes à la vidange en fonction de Z

Z(m)	$\sigma_{we}(KPa)$	$P_{he}(KPa)$
0	35.2	112.7
2	54.2	173.6
4	73.6	235.6
6	92.6	296.4
8	111.6	357.3
10	130.6	418.2
12	150	480.2
14	169	541
16.3	192	611.8
17	199	633,4

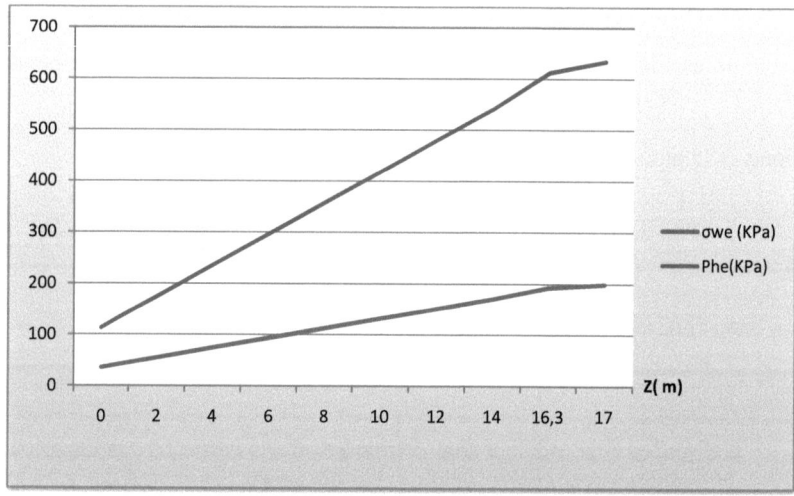

Figure III.2: Courbes des actions à la vidange

La grandeur de la pression de vidange localisée est calculée par l'équation (III.16) :

$$P_p = 0.2 * P_{he} \quad (\text{Pour z=8m})$$

Avec :

β=1

$$P_p = 0.2 * 357.3 = \mathbf{71.5\ KPa}$$

> Pour notre silo, une pression normale supplémentaire fixe Ps, due à la transition est appliquée, sur une distance suivant la pente de 1.6m, le long de la paroi de la trémie et autour du périmètre donc d'après l'équation (III.18) nous avons:

$$P_s = 2 * 437 = \mathbf{874 \text{ KPa}}$$

Avec :

$$P_{ho} = 437 \text{ KPa}$$

I.5-Calcul de l'épaisseur du silo

Afin de calculer l'épaisseur nous avons cette hypothèse :

- Pour simplifier les calculs nous considérons le silo comme étant un cylindre creux d'épaisseur t et de diamètre d = 8 m et d'hauteur h = 17 m

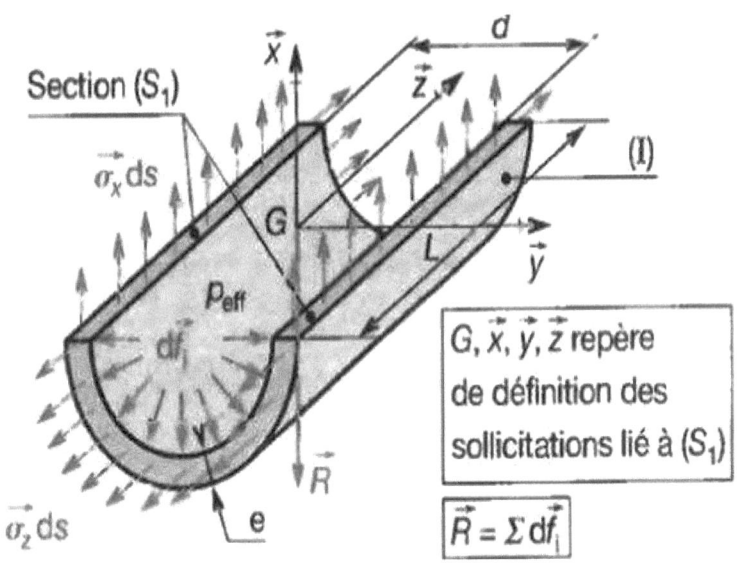

Figure III-3: Contraintes appliquées sur la section (S1)[6]

Le demi-cylindre isolé est en équilibre sous l'action de la résultante R des dfi dues à la pression P et des forces de cohésion dans la section diamétrale (S1) [6].

➤ La résultante R des dfi dues à la pression est donné par [6] :

$$R = P_{eff} * L_{cy} * d \qquad (III.19)$$

Où :

P_{eff} : pression effective (bar) ;

L_{cy} : longueur e demi cylindre isolé (m) ;

d : diamètre du cylindre (m).

➤ Les forces de cohésion dans la section diamétrale (S1) dont la résultante en G normale à (S1) sont données par :

$$N = \sum_{(S1)} \sigma_x * ds \qquad (III.20)$$

D'où à l'équilibre la valeur de la contrainte est :

$$\sigma_x = P_{eff} * \frac{d}{2t} \qquad (III.21)$$

Avec :

σ_x : contrainte normale selon (G,x) (Bar) ;

t : épaisseur du cylindre (m) ;

d : diamètre du cylindre (m) ;

P_{eff} : pression effective (Bar).

On démontre aussi que :

$$|\sigma_z| = P_{eff} * \frac{d}{4t} = \frac{1}{2}\sigma_x \qquad (III.22)$$

On constate que σ_x est le double de σ_z, nous ne calculerons par la suite que σ_x

Chap. III : Dimensionnement de l'unité

➤ **calcul de l'épaisseur de cylindre [6] :**

Nous déterminons l'épaisseur du cylindre en utilisant la contrainte donnée par l'équation (III.22). Nous pouvons déduire ainsi :

$$t = \frac{P_{eff} * d}{2 * \sigma_x}$$

Le dimensionnement de la structure doit satisfaire la condition de résistance pour un solide parfait définie par l'équation suivante :

$$\sigma_x \leq Rpe \quad ; \quad \frac{P_{eff}*d}{2*t} \leq Rpe$$

Avec : $\quad Rpe = \frac{fy}{s} \quad$ (III.23)

D'où $\quad t \geq \frac{P_{eff}*d}{2*Rpe} \quad$ (III.24)

L'enveloppe de notre silo est considérée comme étant mince si la condition $\frac{d}{t} > 20$ est respectée.

Application numérique :

Nous allons calculer l'épaisseur de la virole du silo en se basant sur les données suivantes :

- f_y (s460) = 460MPa = 4600 bar (annexe 1) ;
- diamètre de silo : D_{silo} = 8 m ;
- coefficient de sécurité : s=2 (annexe 3) ;

Donc d'après l'équation (III.23) :

$$R_{pe} = \frac{460}{2} = 230 MPa = \mathbf{2300\ bar}$$

Chap. III : Dimensionnement de l'unité

En appliquant l'équation (III.24) avec $P_{eff} = P_{he}$ calculé par (III.13) nous trouvons:

$$t(mm) \geq \frac{P_{he} * 8000}{2 * 230}$$

$$\Rightarrow t(mm) \geq P_{he} * 17.4$$

Tableau III.4: Epaisseur en fonction de la pression horizontale P_{he}

Z(m)	P_{he}(MPa)	t(mm)
0	0,1127	1,96
2	0.1736	3
4	0,2356	4,1
6	0,2964	5,15
8	0,3573	6,2
10	0,4182	7,27
12	0,4802	8,36
14	0,541	9,4
16.3	0,6118	10,64
17	0,633	11

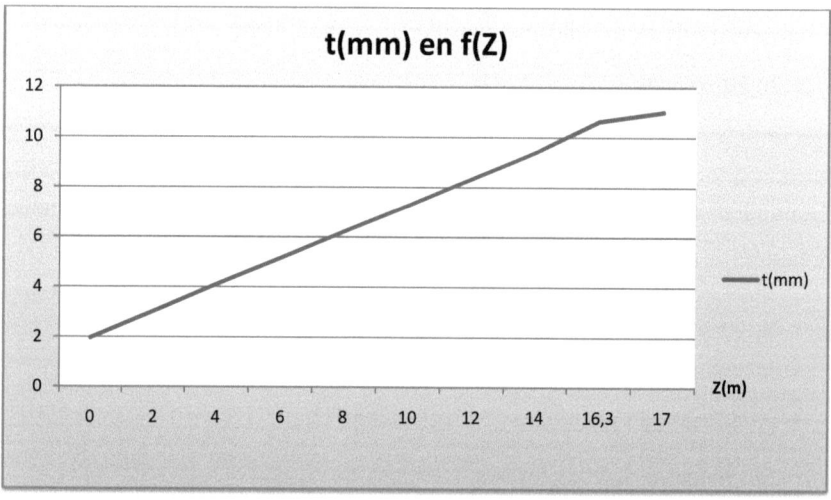

Figure III.4: Epaisseur en fonction de la profondeur Z

- Vérification de l'hypothèse de modélisation pour notre silo :

  $\frac{d}{t} = \frac{8000}{11} > 20$ Donc l'enveloppe est considérée comme étant mince

- pour un P_{hmax}= 6.33 bar nous avons trouvé une épaisseur t_{max} = 11 mm alors pour plus de sécurité nous allons choisir une épaisseur t=12mm, et pour économiser et diminuer le cout de construction nous pouvons utiliser des tôles d'épaisseurs différents en fonction de la pression appliqué sur la paroi.

- les tôles standard ont une largeur de 1.5m et de longueur 3m donc nous avons choisie d'utiliser 3 types de tôles d'épaisseurs différentes (12mm, 10mm, 8mm).

I.6 - Etude de la structure porteuse de silo

Dans le but de vérifier et déterminer les dimensions des éléments de structure afin qu'elle supporte les charges dans les conditions de sécurités satisfaisantes, nous avons utilisé la logiciel **RDM6 ossatures** qui va nous permettre d'étudier la résistance et la déformation des poutres.

I.6.1- Modélisation de la structure

En se référent au dimensionnement du silo fait dans la première partie nous avons choisie cette modélisation (figure III-5) qui comporte 102 poutres et 50 nœuds.

Nous avons choisie le profilé **HEA** pour les poutres principales de notre structure car en comparant ses caractéristiques avec les autres profilés comme : IPN ,IPE , U…, nous avons trouvé qu'il peut résister aux charges de flambement et de flexion avec des dimensions plus faibles que les autres profilées, alors **HEA** est le meilleur choix pour la résistance, l'encombrement et aussi pour l'esthétique de la structure .

Et pour la stabilité de cette dernière nous avons utilisé un système de treillis avec des poutrelles **HEA** de dimensions plus petit.

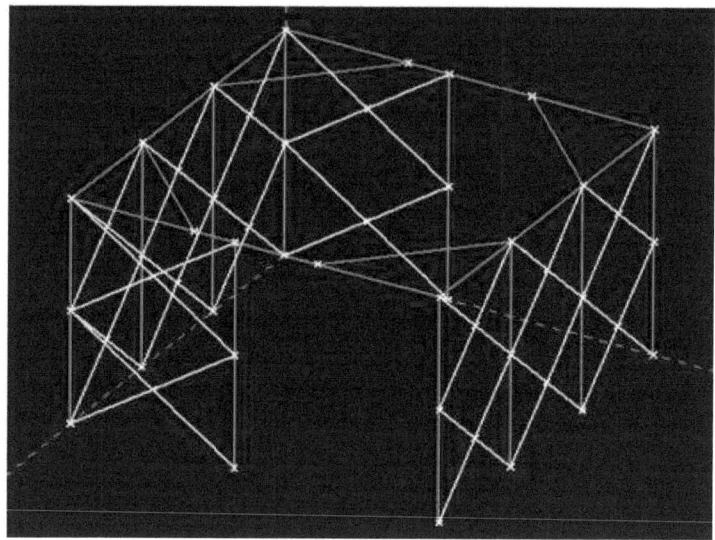

<u>Figure III.5</u>: Conception de la structure porteuse de silo

I.6.2- Etude de la structure

- ✓ Afin de déterminer les caractéristiques des poutrelles **HEA** pour l'utiliser dans la structure qui va résister à la flexion et flambement nous avons fait plusieurs essais de simulation sur **RDM6** avec les différentes dimensions de ce profilé (annexe 4) et les comparer avec les résultats théoriques, pour finir de trouver que <u>HEA600</u> est le meilleur choix qui nous aide à accomplir cette mission.

- ✓ Et pour les poutrelles du treillis nous avons choisie le <u>HEA100</u> qui suffira pour la stabilité de la structure.

Chap. III : Dimensionnement de l'unité

➢ Comparaison entre les résultats pratiques et théoriques :

En se référant aux résultats de la simulation dans les figures (III-6, 7, 8, 9, 10) nous pouvons vérifier la validation de notre choix en les comparant avec les résultats théoriques calculés avec ces données:

- Le poids totale approché du silo plein : P_{silo} =11500 kN = 11,5 MN

  Alors pour la sécurité de la structure on a pris un coefficient de sécurité s=1,3

$$D'où\ P_{silo}=11,5*1,3 => \mathbf{P_{silo} = 15\ MN}$$

- Hauteur de la structure H = 6m
- Surface de la structure est carrée de cote c= 9 m
  Donc S = 9*9 = 81 m²
- Matériaux des poutres utilisées : **S355**

  Avec : fy=355 MPa   et   fu=450 MPa   (voir annexe1)
- Coefficient de sécurité : s=2   (voir annexe 3)

Hypothèse :

Nous considérons que la pression est repartie uniformément sur la surface de la structure donc $p_{silo} = \frac{15000}{81} = 185\ kN/m^2$.

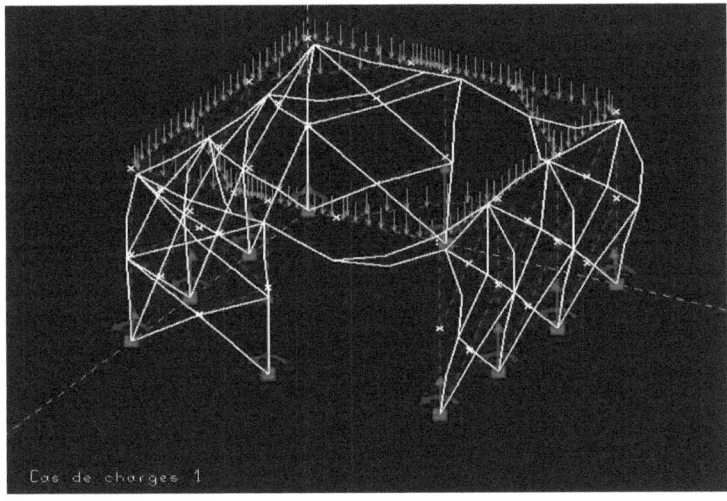

Figure III.6: Déformation de la structure sous chargement de 185kN/m²

- **Effort maximal de traction (N) [6] :**

  ✓ $N_{max} = A \cdot \frac{f_y}{s}$ avec s coefficient de sécurité   *(III.25)*

En se basant sur l'annexe (4) et l'équation (III.25) nous trouvons :

➢ $N_p = 1649337.7\ N < N_{th,max} = 22650 * \frac{355}{2} = 4020375\ N$

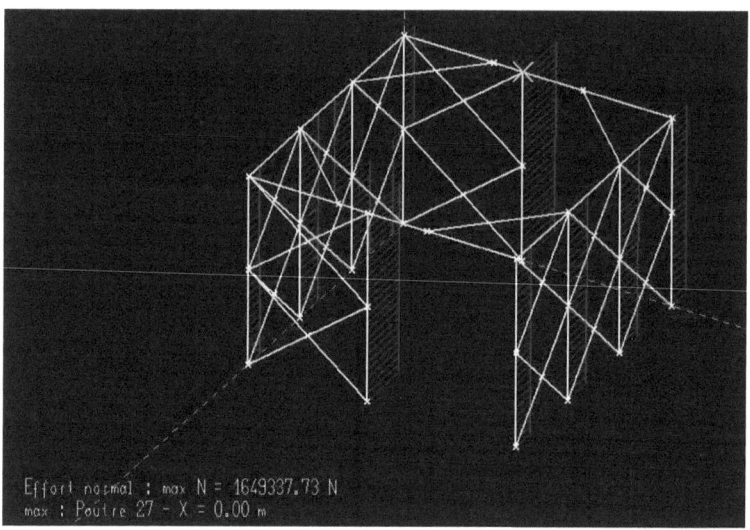

Figure III.7 : Effort normal (N)

- **Flexion simple : effort tranchant (T) [6]:**

  ✓ $T_{y,z,max} = 0.58 * A_v * \frac{f_y}{s}$ *(III.26)*

Avec A_v : aire de cisaillement.

D'après l'équation (III.26) et l'annexe (4) nous avons :

➢ $T_{y,p} = 829354{,}48\ N < T_{y,th,max} = 0.58 * 15520 * \frac{355}{2} = 1597784\ N$

➢ $T_{z,p} = 12607{,}15\ N < T_{z,th,max} = 0.58 * 9320 * \frac{355}{2} = 959494\ N$

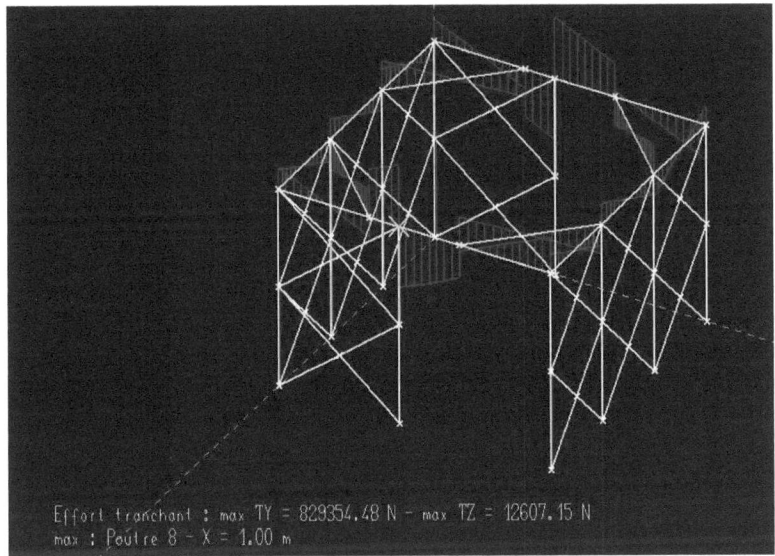

Figure III.8: Efforts tronchant Ty et Tz

- **Flexion simple : Moment fléchissant (M) [6]:**

  ✓ $M_{fy,z,max} = w_{pl} * \dfrac{f_y}{s}$ (III.27)

D'après l'équation (III.27) et l'annexe (4) nous avons :

➤ $M_{fy,p} = 51958.3\ N.m < M_{fy,th,max} = 1155700 * \dfrac{355}{2} * 0.001 = 205136.8\ N.m$

➤ $M_{fz,p} = 731894,26\ N.m < M_{fz,th,max} = 5350400 * \dfrac{355}{2} * 0.001 = 949696\ N.m$

Chap. III : Dimensionnement de l'unité

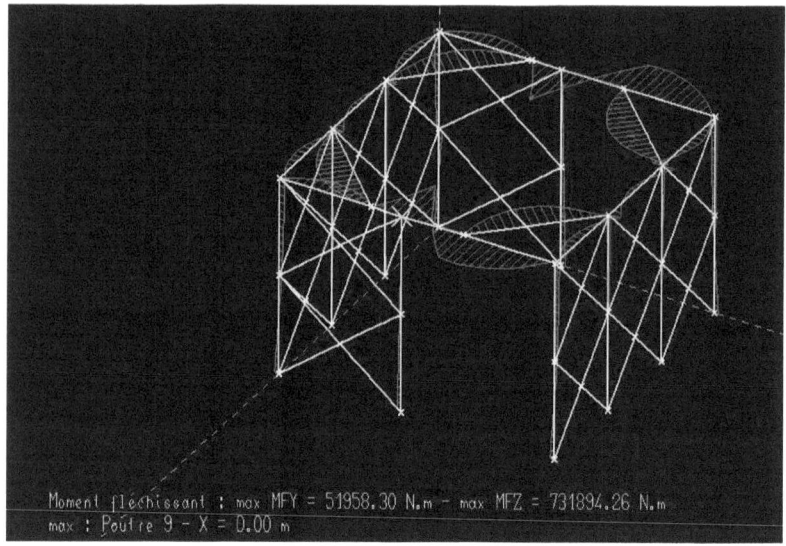

Figure III.9: Moments fléchissant M_{fy} et M_{fz}

- **Contrainte maximale dans une telle section [6]:**

✓ $\sigma_{y\,max} = \dfrac{M_{fy}}{W_{él.y}}$ \hfill (III.28)

✓ $\sigma_{z\,max} = \dfrac{M_{fz}}{W_{él.z}}$ \hfill (III.29)

D'après l'équation (III.28),(III.29) et l'annexe (4) nous avons :

➢ $\sigma_p = 157{,}76\ MPa < \min(\sigma_{ymax}, \sigma_{zmax}) = 198{,}4\ MPa$

Avec

$$\sigma_{y,th,max} = \frac{205136{,}8}{751.3} = 273\ MPa$$

$$\sigma_{z,th,max} = \frac{949696}{4786{,}7} = 198{,}4\ MPa$$

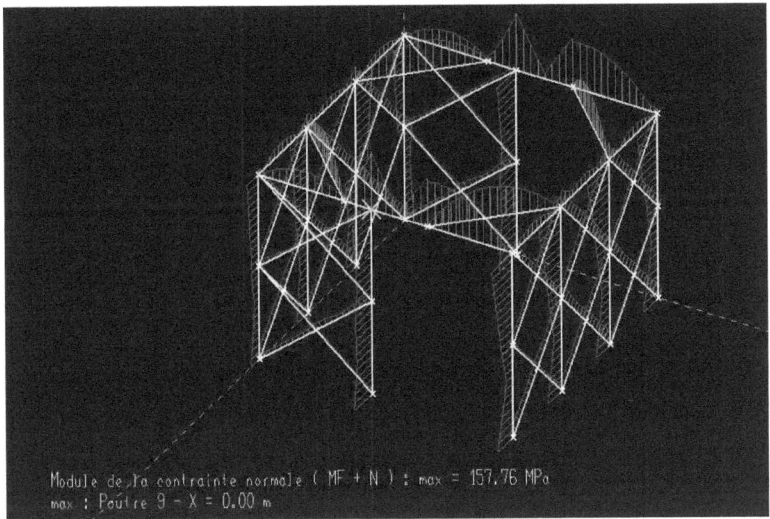

<u>Figure III.10</u>: Module de la contrainte normale σ

Conclusion

Ce chapitre est consacré à la détermination des dimensions nécessaires de cette installation, soit par l'application des équations théoriques (hauteur, diamètre, épaisseur de silo) soit par la modélisation numérique sur RDM6 en déterminant les efforts de cohésion et les zones de contraintes maximales afin de valider notre choix (**HEA600**) des profilés utilisées dans la structure porteuse du silo. Ces résultats sont très utiles et nous facilitent l'étude de fluidisation et tuyauteries dans les prochains chapitres.

Chapitre IV

Fluidisation de la matière ensilée

Introduction

Les chapitres précédents comportent la conception et le dimensionnement de l'unité de stockage tout en listant les différents accessoires utilisés pour le chargement des camions par le ciment vrac.

Ce chapitre est consacré à l'étude de la fluidisation du ciment dans le silo tout en expliquant ce phénomène et en déterminant les vitesses minimale et maximale de fluidisation.

I-Étude bibliographique
I.1-Mode de contact entre les particules solides et le gaz

Pour un empilement de particules donné, l'état de la suspension change en fonction du débit ou de la vitesse du gaz traversant les particules solides. Les trois grands types de lit de particules sont les lits fixes, fluidisés et transportés.

Autres dispositifs à particules

Il existe d'autres modes de contact solide-gaz parmi lesquels :

- ✓ Le lit mobile : il est également constitue d'un empilement de particules mais dans ce cas le lit est animé d'un mouvement de translation de haut en bas sous l'effet des forces de gravité.

  Le lit peut également être entrainé horizontalement. Le lit peut être à co-courant, à contrecourant ou à courant croisé.

- ✓ Le lit vibré : il s'agit également d'un lit à empilement de particules mais il est soumis à une excitation extérieure (vibrations) dans le but d'améliorer la fluidisation lorsque celle-ci est rendue difficile par l'utilisation de particules soit trop grosses soit trop fines.

- ✓ Le lit rotatif : un lit de particules est déposé à l'intérieur d'un cylindre incliné de quelques degrés par rapport a l'horizontale et tournant sur lui même. Un courant gazeux parcours le cylindre tout en étant en contact avec le lit de particules.

✓ Le cyclone : cet appareil permet normalement de séparer les fines particules solides contenues dans une phase gazeuse. Il peut cependant être utilisé en tant que réacteur pour des réactions nécessitant de fortes températures.

Villermaux [9] a classé les différents dispositifs qui représentent les modes de contacts gaz solide:
- Les lits à empilements de solide : fixe, mobile, vibré.
- Les lits fluidisés et suspendus : lit fluidisé, lit tombant.
- Les lits transportés : transport pneumatique et cyclone.

L'utilisation de l'un des modes de contact solide-gaz parmi ceux cites précédemment peut dépendre de plusieurs facteurs comme la taille des particules et le temps de séjour du gaz dans le lit. Les surfaces de contact solide-gaz dans les lits fixes ne sont pas élevées ce qui empêche aussi d'avoir des températures de gaz élevées. Dans le cas des lits fluidisés, ces surfaces de contact sont importantes et le temps de séjour du gaz n'est pas très faible ni trop élevée. Nous allons à présent nous intéresser au phénomène de fluidisation.

I.2-Phénomène de fluidisation

Plusieurs explications du phénomène de fluidisation des particules par un gaz ont été citées dans la littérature. On peut expliquer ce phénomène ou processus, d'âpres notamment, Botterill [10], de la façon suivante :
  ➢ En partant d'une couche de solides divisés au repos (lit fixe), le passage d'un courant ascendant de gaz à travers cette couche produit une perte de charge due aux frottements du fluide sur la surface des particules, aux frottements du fluide sur lui-même et sur les parois de l'enceinte. A faible vitesse du courant, le lit reste fixe, on a une simple percolation.
  ➢ Lorsque la vitesse augmente, les forces de viscosité augmentent également. Elles deviennent suffisantes pour équilibrer le poids des particules qui bougent légèrement et se mettent en suspension : la vitesse

minimale de fluidisation "Umf" est atteinte. Les particules solides s'éloignant légèrement les unes des autres, la section de passage du fluide augmente, et la vitesse diminue, ainsi que les frottements. La suspension reste homogène et aucune bulle n'apparait dans ces conditions; les particules se comportent globalement comme un fluide, d'ou le terme "lit fluidise".

➢ En augmentant encore la vitesse du gaz, le lit subit une expansion uniforme jusqu'à ce que la vitesse atteigne la vitesse minimale de bullage "Umb", correspondant à la formation de bulles au sein du lit fluidisé. La taille et le nombre des bulles croissent avec la vitesse du gaz et avec la hauteur du lit. Lorsque leur diamètre devient comparable au diamètre de la colonne, on observe un régime de fluidisation appelé "régime de pistonnage".

➢ A des vitesses de fluidisation élevées, les particules sont entrainées par le gaz et s'échappent de la colonne. On appelle ce régime le "lit transporté".

I.3-Chute de pression à travers la couche fluidisée

La vitesse minimale de fluidisation est généralement déterminée expérimentalement a partir de la courbe de variation de la chute de pression subie par le gaz à travers la couche de particules en fonction de sa vitesse superficielle. Lorsque le lit est fixe, la chute de pression augmente avec la vitesse du gaz jusqu'à ce que cette vitesse atteigne la vitesse minimale de fluidisation. Il faut noter aussi que la perte de charge mesurée en lit fixe pour une même vitesse de gaz peut être légèrement différente selon que l'on procède à vitesse croissante ou a vitesse décroissante. Au delà de la vitesse minimale de fluidisation, la perte de charge devient indépendante de la vitesse du gaz et le gradient de pression reste constant dans le domaine de fluidisation. Dans le cas idéal, la perte de charge est égale au poids apparent des particules par unité de surface du lit. Expérimentalement, un écart est enregistré à cette valeur qui diffère d'un auteur à l'autre. Certains auteurs disent que la perte de charge est supérieure au poids apparent des particules, alors que d'autres disent qu'elle est égale a 85 % du poids apparent.

Selon Muller et Flamant [11] ces écarts peuvent être dus, soit aux méthodes de mesure, soit à la nature du distributeur de gaz mis en œuvre. La perte de charge commence à diminuer au delà de la vitesse d'entrainement.

I.4-Classification des poudres

L'aptitude des poudres à être fluidisées varie de manière importante suivant le système gaz – solide considéré. Ce sont principalement les caractéristiques des particules qui influent sur la qualité de la fluidisation, en particulier leur taille et leur densité. A partir de ces caractéristiques, Geldart [12] a proposé une classification des poudres qui permet d'appréhender leur comportement dans un lit fluidisé. Il a ainsi pu différencier quatre groupes distincts :

- ✓ **Le groupe A** : concerne les poudres fines (20 à 150 μm) et légères (moins de 1500 kg/m3) pour lesquelles la vitesse minimale de bullage est toujours supérieure à la vitesse au minimum de fluidisation. Entre U_{mf} et U_{mb}, la fluidisation est de type particulaire avec une forte expansion par rapport à l'état fixe. Au-delà d'Umb, de petites bulles apparaissent. La fluidisation de ces particules est aisée. Lorsque l'on arrête l'alimentation en gaz, le dé fluidisation est lent.

- ✓ **Le groupe B** : regroupe des particules dont la taille moyenne est en général comprise entre 80 et 800 μm et la masse volumique entre 1500 et 4000 kg/m3. Le bullage apparait dès la mise en fluidisation $(U_{mf}=U_{mb})$. La fluidisation est facile et le dé fluidisation est rapide.

- ✓ **Le groupe C :** rassemble les poudres très fines (< 30 μm), et très cohésives dont les meilleurs exemples sont la farine ou le talc. Ces poudres sont difficiles à fluidiser du fait de l'existence d'importantes forces inter particules. La frontière entre les groupes A et C n'est pas bien définie, elle dépend notamment de l'humidité du gaz et de la résistivité et de la permittivité relative des particules.

- ✓ **Le groupe D:** concerne des poudres denses et de fort diamètre (>800 μm). Leur mise en fluidisation se fait en général dans des lits à jet, c'est-a-dire des lits fluidisés sans grille distributrice. En plus des caractéristiques des particules, d'autres paramètres, notamment la géométrie de la colonne de fluidisation et le mode de distribution du débit gazeux influent sur la qualité de fluidisation.

I.5- Régime de fluidisation homogène et hétérogène (bouillonnant)

Le domaine de fluidisation limité par la vitesse minimale de fluidisation U_{mf} et la vitesse de transport de la particule ou vitesse terminale de chute U_t est divisé en régime de fluidisation homogène et hétérogène. Si la vitesse de fluidisation est inferieure à la vitesse de bullage, le régime de fluidisation est homogène (particulaire) en raison de l'absence de bulle.

On est en régime hétérogène si $U > U_b$, dans ce cas il y a apparition de bulles dans le lit et on dit que le lit est bouillonnant. Le régime de fluidisation bouillonnant couvre une plage de vitesse très importante.

La vitesse de bullage est toujours égale a la vitesse minimale de fluidisation pour les particules de type B et C de la classification de Baeyens et Geldart [12]. Dans ce cas le régime de fluidisation est hétérogène ou bouillonnant (figure IV-4).

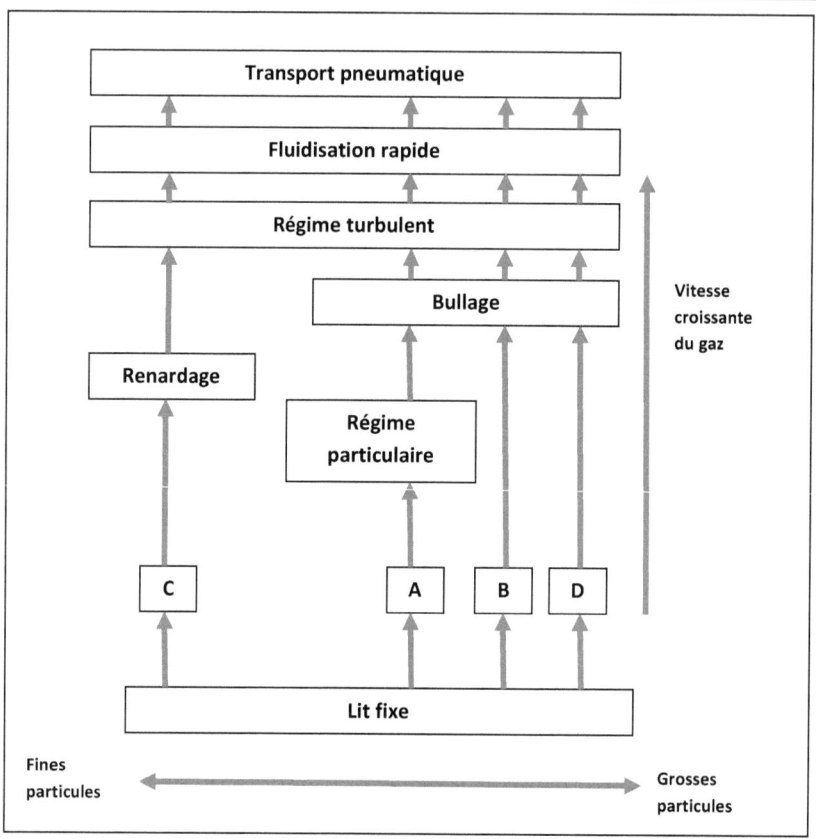

Figure IV- 1 : Régimes de fluidisation des particules selon leur appartenance aux différentes catégories de la classification de Baeyens et Geldart

I.6 - Avantages et inconvénients de la fluidisation

Cette technique de mise en contact de particules de faible diamètre avec un gaz présente de nombreuses propriétés avantageuses parmi lesquelles :

- Une température homogène au sein du lit du fait d'un bon mélange des particules en régime fluidisé, contrairement au lit fixe qui est soumis à un fort gradient de température.

- Un coefficient de transfert de chaleur solide/fluide très élevé entre 200 et 600 W/(m² .K), qui est nettement supérieure a celui des échangeurs fluide/fluide qui est de l'ordre de 50 W/(m².K).
- La phase solide du système peut être aisément renouvelée si besoin est, même en fonctionnement.
- La vidange et le nettoyage du lit de particules se font très facilement.

Cette technique présente cependant quelques inconvénients, citons les deux principaux :

- Pour de très grandes vitesses de gaz, la partie de gaz sous forme de bulles quitte rapidement le lit. Dans ce cas l'échange de chaleur entre les bulles et les particules est beaucoup plus faible : le temps de contact solide/gaz est beaucoup plus faible.
- Une diminution progressive du diamètre des particules au cours de l'utilisation due a un frottement permanent entre elles. Les particules les plus fines peuvent alors quitter le lit, entraînées par le fluide et polluent l'aval du process

II- Outils théoriques

II.1- Vitesse minimale de fluidisation

Pour les faibles débits, le lit est fixe et subit une perte de charge, ΔP, quasi proportionnelle à la vitesse du gaz, u_g, comme le suggère *Ergun (Ergun, 1952)* [13] :

$$\frac{\Delta P}{H_0} = 150 * \left(\frac{1-\varepsilon_0}{\varepsilon_0^3}\right)^2 * \frac{\mu_g u_g}{(\emptyset_s d_p)^2} + 1.75 * \left(\frac{1-\varepsilon_0}{\varepsilon_0^3}\right) * \frac{\rho_g u_g^2}{\emptyset_s d_p} \qquad (IV.1)$$

Avec :

H_0 (m) : est la hauteur d'un lit fixe de particules ;

d_p (m) : est le diamètre de des particules ;

μ_g (Pa.s) : est la viscosité du gaz ;

ε_0 : est le degré de vide d'un lit de particules fixes ;

ρ_g (kg/m3) : est la masse volumique du gaz.

La sphéricité Φs rend compte de la forme des particules, elle est définie par :

$$\emptyset_s = \left(\frac{S_{sphére}}{S_{particule}}\right) \qquad (IV.2)$$

Pour les poudres bien fluidisables, le phénomène de fluidisation se traduit par une égalité des forces de pesanteur et des forces de trainée. Au minimum de fluidisation ($U_g=U_{mf}$), on obtient l'expression suivante :

$$\frac{\Delta P}{H_{mf}} = (1 - \varepsilon_{mf}) * (\rho_p - \rho_g) * g \qquad (IV.3)$$

Où :

ρ_p (kg/m3) : est la masse volumique des particules,

g (m/s2) : est l'accélération due à la pesanteur.

ε_{mf} : est Porosité d'un lit de particules au minimum de fluidisation

Pour $U_g=U_{mf}$, on a également $H_0=H_{mf}$ et donc la combinaison des équations (IV.1) et (IV.3) permet d'obtenir Umf :

$$\frac{1.75}{\varepsilon_{mf}^3 \emptyset_s} * \left(\frac{d_p U_{mf} \rho_g}{\mu_g}\right)^2 + \frac{150(1-\varepsilon_{mf})}{\varepsilon_{mf}^3 \emptyset_s^2} * \left(\frac{d_p U_{mf} \rho_g}{\mu_g}\right) = \frac{d_p^3 \rho_g (\rho_p - \rho_g) g}{\mu_g^2} \qquad (IV.4)$$

Cette équation peut s'écrire sous la forme :

$$K_1 * Re_{pmf}^2 + K_2 Re_{pmf} = A_r \qquad (IV.5)$$

Où : $K_1 = \frac{1.75}{\varepsilon_{mf}^3 \emptyset_s}$ et $K_2 = \frac{150(1-\varepsilon_{mf})}{\varepsilon_{mf}^3 \emptyset_s^2}$ \qquad (IV.6)

$$Re_{pmf} = \frac{d_p * \rho_g * U_{mf}}{\mu_g} \qquad (IV.7)$$

A_r est le nombre d'Archimède défini par :

$$A_r = \frac{d_p^3 \rho_g (\rho_p - \rho_g) g}{\mu_g^2} \qquad (IV.8)$$

L'équation (IV.4) ne peut pas être utilisée si ε_{mf} et Φs ne sont pas connus. On utilise alors l'expression (IV.5) en considérant K1 et K2 constants. Plusieurs auteurs ont proposé des valeurs pour ces constantes, pour les poudres des groupes A et B, dont *Wen et Yu* [14] :

$$\frac{K_2}{2K_1} = 33.7 \quad \text{Et} \quad \frac{1}{K_1} = 0.0408 \qquad (IV.9)$$

L'équation (IV.5) permet d'approximer U_{mf} avec une précision relative d'environ ±30% et ce pour un large intervalle *(Re=0,001 à 4000)*. ([14])
Dans le cas où εmf et Φs sont connus, l'utilisation de l'équation (IV.4) est plus appropriée pour estimer *Umf*.

II.2- Vitesse maximale de fluidisation (vitesse terminale de chute libre des particules)

Lorsque les particules sont entraînées par le gaz et commencent à quitter la colonne de fluidisation, la vitesse maximale de fluidisation ou la vitesse terminale de chute des particules est atteinte. Elle peut être exprimée par la relation (IV.10):

$$U_t = \left(\frac{4 g d_p (\rho_p - \rho_g)}{3 \rho_g C_d}\right)^{\frac{1}{2}} \qquad (IV.10)$$

Où :

C_d: est le coefficient de trainée qui est fonction du nombre de Reynolds rapporté à la particule.

Si $Re_p < 0{,}4$ $C_d = \dfrac{24}{Re_p}$ (IV.11)

Si $0{,}4 < Re_p < 500$ $C_d = \dfrac{10}{\sqrt{Re_p}}$ (IV.12)

Si $500 < Re_p < 200000$ $C_d = 0.43$ (IV.13)

On peut aussi calculer le nombre de Reynolds particulaire par la corrélation de Haider et Levenspiel [15] pour des nombres d'Archimède Ar et de facteurs de forme ϕ donnés :

$$Re_p = \dfrac{Ar^{1/3}}{\left(\dfrac{18}{A_r^{2/3}} + \dfrac{2.335 - 1744\,\phi_s}{A_r^{1/6}}\right)} \qquad (IV.14)$$

La vitesse terminale de chute est calculée par l'équation suivante :

$$U_t = \dfrac{\mu_g Re_p}{\rho_g d_p} \qquad (IV.15)$$

III-Calculs théoriques

Afin de calculer les vitesses minimale et terminale de fluidisation nous avons besoin de savoir :
- ✓ Diamètre des particules de ciment : $d_{ciment} = 100\ \mu m$
- ✓ Masse volumique du ciment : $\rho_{ciment} = 1250\ kg/m^3$

Pour obtenir l'air suffisant pour la fluidisation nous avons choisit d'utiliser un suppresseur ayant une pression relative de refoulement p = 600 mbar d'où :

$$\rho_{air} = \dfrac{p}{R*T} \qquad \text{Avec}\quad R = 287{,}05\ \text{et}\ T = 30°$$

Chap. IV: Fluidisation de la matière ensilée

=> AN: $\rho_{air} = \frac{1.6*10^5}{287,05*303} = \mathbf{1,84 kg}/m^3$

✓ Donc la masse volumique de l'air : $\rho_{air} = 1,84 kg/m^3$

$\mu_{air} = 5,2 * 10^{-7} T^{0.635}$

=> AN: $\mu_{air} = 5.2 * 10^{-7} 303^{0.635} = \mathbf{1,96*10^{-5}}$ **Pa.s**

✓ Viscosité de l'air : $\mu_{air} = 1,96*10^{-5}$ Pa.s

III.1-Calcul de Vitesse minimale

Hypothèse :

✓ Nous avons choisit ici une sphéricité de 1, correspondant à un cas idéal où les particules sont parfaitement sphériques $\emptyset_s = 1$

Nous avons 20 μm < d_{ciment}=100 < 150 μm   et ρ_{ciment}=1250kg/m^3 < 1500kg/m^3

Donc d'après la Classification de Geldart la particule de ciment est classée dans le **groupe A**

D'après la relation d'Ergun (wen et yu) (1966) [14] :
Et en utilisant l'équation (IV.9) nous trouvons :

$\frac{1}{K_1} = 0,0408 \Rightarrow \mathbf{K_1 = 24,5}$
$\frac{K_2}{2K_1} = 33,7 \Rightarrow \mathbf{K_2 = 1652}$

D'après l'équation (IV.8) :

$A_r = \frac{10^{-12}*1,84*(1250-1,84)*9,8}{(19,6)^2*10^{-12}} \Rightarrow \mathbf{A_r = 58,6}$

D'où en utilisant les équation (IV.5), (IV.6) et (IV.7) nous avons :

$24.5 * Re_{pmf}^2 + 1652 * Re_{pmf} - 58,6 = 0$

$\Delta = (1652)^2 + 4 * 24{,}5 * 58{,}6 = 2734846{,}8$

$\sqrt{\Delta} = \sqrt{2734846{,}8} = 1653{,}74$

Donc :

$Re_{pmf} = \dfrac{-1652 + 1653{,}74}{2*24{,}5} \Rightarrow \boldsymbol{Re_{pmf} = 0{,}0354}$

$K_1 = \dfrac{1{.}75}{\varepsilon_{mf}^3 \varnothing_s} \Rightarrow \varepsilon_{mf} = \sqrt[3]{\dfrac{1{,}75}{24{,}5}} \Rightarrow \boldsymbol{\varepsilon_{mf} = 0{,}415}$

$U_{mf} = \dfrac{\mu_g * Re_{pmf}}{\rho_g * d_s} \Rightarrow U_{mf} = \dfrac{1{,}96*10^{-5}*0{,}0354}{10^{-4}*1{,}84}$

D'où $U_{mf} = 0{,}00377 \text{ m/s} = 0{,}227 \text{ m/min}$

III.2- Calcul de ΔP

D'après l'équation (IV.3)

$$\Delta P_{mf} = (1 - \varepsilon_{mf}) * (\rho_p - \rho_g) * g * H_{mf}$$
$$\Delta P_{mf} = (1 - 0{,}415) * (1250 - 1{,}84) * 16{,}5 * 9{,}8$$

D'où $\Delta P_{mf} = 1{,}18$ bar

III.3- Calcul de Vitesse maximale

L'équation (IV.14) donne :

$\text{Rep} = \dfrac{58{,}6^{1/3}}{\dfrac{18}{58{,}6^{2/3}} + \dfrac{0{,}591}{58{,}6^{1/6}}}$

Rep = 2,6

On a 0,4 < Rep = 2.6 < 500   Donc $C_d = \dfrac{10}{\sqrt{Re_p}} = \boldsymbol{6{,}2}$

D'après l'équation (IV.15):

$$U_t = \frac{1,96 * 10^{-5} * 2,6}{1,84 * 10^{-4}}$$

D'où $\quad U_t = 0,277 \text{m/s} = 16,6 \text{ m/min}$

Conclusion

En se basant sur ces calculs nous constatons que pour avoir une meilleur fluidisation il faut que la vitesse de l'air soit entre U_{mf} et U_t et d'après la Classification de Geldart [12] la fluidisation de ces particules est aisée et de type particulaire.

D'où à la suite de l'étude on a choisie :

$$U_{mf} = 0,227 < U = 1, 2 \, et \, 1,6 < U_t = 16,6$$

Chapitre V

Etude des Tuyauteries et choix du surpresseur

Chap. V: Etude des tuyauteries et choix du surpresseur

Introduction

Le chapitre précédent est consacré à la détermination de la vitesse nécessaire pour la fluidisation du fond, alors selon ce choix nous déterminons dans ce chapitre les critères essentiels (débit, HMT, P_h) dans le réseau de tuyauteries afin de sélectionner le meilleur choix de surpresseur qui va être utilisé pour alimenter le circuit en aire comprimé.

I- Outils théoriques

I.1-Généralités sur les surpresseurs

Un surpresseur est une station de pompage comprenant une ou plusieurs pompes montées en parallèle. Il permet de distribuer, sans intervention humaine, de l'eau ou de gaz à un débit et à une pression adaptés. Il existe deux types de surpresseur : à vis et à piston, dont le mécanisme n'est pas le même.

> **Surpresseur à vis :** le plus utilisé, mais le plus cher :

Le surpresseur à vis est le système le plus utilisé par le grand public. La compression s'effectue par la rotation des deux rotors d'une vis. Le surpresseur à vis est le mécanisme le plus cher du marché et le moins puissant, mais sa petite taille le rend plus pratique et plus simple d'utilisation.

> **Surpresseur à piston :** surtout dans l'industrie, notamment pour le gaz :

Le surpresseur à piston comporte un moteur électrique. Celui-ci entraîne un ou plusieurs pistons dans un mouvement d'avant en arrière qui crée la compression.

Très utilisé dans l'industrie, le surpresseur à piston peut compresser différents gaz de manière stable. (Exemple : surpresseur a pistons rotatifs)

La différence entre surpresseur et compresseur :

Le surpresseur refoule un débit grand mais avec pression peut important et il est très bruyant par contre le compresseur son débit est moindre, mais sa pression bien plus forte et son bruit est inexistant.

Chap. V: Etude des tuyauteries et choix du surpresseur

I.2- Rappels sur les pertes de charges

On appelle perte de charge les pertes d'énergie subies par un fluide d'écoulant dans un réseau.

Au sein d'un réseau. On peut répartir les pertes de charge en deux catégories :

- Les pertes de charge dues aux longueurs droites de conduite. On les appelle pertes de charge régulières ou linéaires.
- Les pertes de charge dues aux « accidents » de conduite. Ces « accidents » peuvent être des coudes, des pannes, des robinets, des rétrécissements, des élargissements….Ces pertes de charge sont appelées perte de charge singulières. Les « accidents »de conduite sont appelées singularités.

En tenant compte du travail échangé et des pertes de charge le théorème de Bernoulli s'écrit :

$$P_1 + \rho g z_1 + \frac{1}{2}\rho v_1^2 + \frac{P_h}{q_v} = P_2 + \rho g z_2 + \frac{1}{2}\rho v_2^2 + \Delta P \quad [Pa] \quad (V.1)$$

$$\frac{P_1}{\rho g} + z_1 + \frac{1}{2g}v_1^2 + \frac{P_h}{\rho g Q} = \frac{P_2}{\rho g} + z_2 + \frac{1}{2g}v_2^2 + \frac{\Delta P}{\rho g} \quad [mcF] \quad (V\text{-}2)$$

Le terme $\frac{P_h}{\rho g Q}$ s'appel hauteur manométrique et il est noté HMTr.

$$\text{HMTr} = \frac{P_h}{\rho g Q} \quad (V\text{-}3)$$

C'est la charge totale que doit donner la pompe au fluide afin d'assurer sa circulation dans le réseau.

Le terme $\frac{\Delta P}{\rho g}$ représente la perte de charge totale dans le réseau (en mètre colonne de fluide (mCF), ce terme est noté par J tel que :

$$J = \frac{\Delta P}{\rho g} \quad (V\text{-}4)$$

Avec : $J = J_{lin} + J_{sing}$

Où J_{lin} représente la perte de charge linéaire et J_{sing} représente la perte de charge singulière.

I.3- Calcul des pertes de charge

I.3.1- Pertes de charge linéaires

La perte de charge $J_{lin(i)}$ d'un tronçon doit, de longueur L de conduite de diamètre D dans laquelle circule un fluide animé d'une vitesse v, se calcule de la manière suivante :

$$\Delta P_{lin(i)} = \lambda_{(i)} * \frac{v_{(i)}^2}{2} * \frac{L_{(i)}}{d_{(i)}} * \rho \quad \text{en [Pa]} \quad (V\text{-}5)$$

$$J_{lin(i)} = \frac{\Delta P_{lin(i)}}{\rho * g} => \sum_{i=1}^{n} J_{lin(i)} = J_{lin} \quad en\ [mcF] \quad (V\text{-}6)$$

Avec :

    λ: Facteur de perte de charge répartie (sans dimension) ;

    L : Longueur de la conduite [m] ;

    d: Diamètre de la canalisation [m] ;

    v : Vitesse du fluide [m/s] $v = \frac{Q}{S}$ avec Q : débit en [m³/s] et S : section en [m²] ;

    ρ : Masse volumique du fluide [kg/m3] ;

    g : Accélération de la pesanteur.

Pour calculer la perte de charge d'une conduite de longueur L et diamètre D, il convient de connaitre la vitesse v du fluide (que l'on calcule généralement à partir du débit volumique) et le coefficient de perte de charge λ.

Pour des écoulements en conduite, le coefficient de perte de charge λ dépend de l'état de surface de la conduite (sa rugosité) et du régime d'écoulement (du nombre de REYNOLDS).

Il existe de nombreuses formules et corrélations qui permettent de calculer λ. Toutefois on peut utiliser des diagrammes, tel que le diagramme de MOODY, qui donne la valeur de λ en fonction de Re et de la rugosité de la conduite.

Utilisation du diagramme de MOODY :

Il est tout d'abord nécessaire de donner une définition plus précise de ce qu'est la rugosité d'une surface. On appellera donc rugosité la hauteur moyenne des aspérités à la surface de la conduite. La rugosité sera désignée par la lettre ε.

$$\varepsilon = \sum_{i}^{n} \frac{\varepsilon_i}{n} \qquad (V\text{-}7)$$

Le tableau (V.1) donne des valeurs de rugosité pour des matériaux courants :

Tableau V-1 : Rugosité de différents matériaux usuels

Revêtement Matériaux	Encadrement ε en mm	Valeur courante ε en mm
Plastique (ex : PVC)	0,01 à 0,05	0,03
Aluminium	0,04 à 0,06	0,05
Acier inox	0,05	-
Acier Galvanisé	0,05 à 0,17	0,15
Fibre de verre	1,2 à 2,1	1,6
Cuivre ou laiton	0,001 à 0,003	-

En fait, c'est le rapport de la rugosité ε et du diamètre d de la conduite qui sera utilisée. Ce rapport s'appelle la rugosité relative :

$$\textit{Rugisité relative} = \frac{\varepsilon}{d} \qquad (V\text{-}8)$$

La rugosité relative est une grandeur sans dimension

Nombre de REYNOLDS : $\quad R_e = \frac{\rho * v * d}{\mu} \qquad (V\text{-}9)$

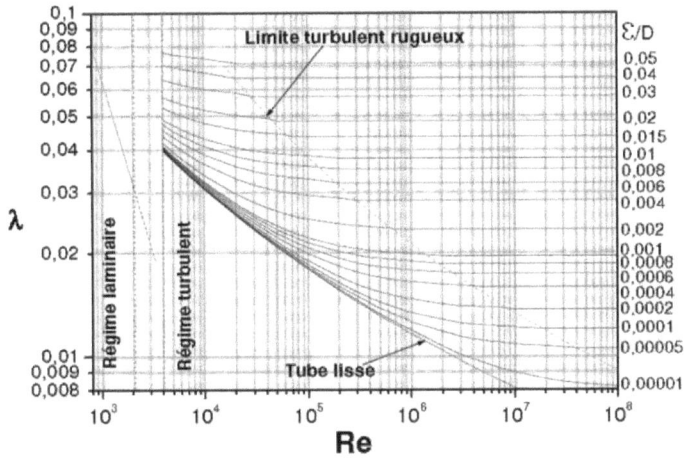

Figure V-1 : Diagramme de MOODY

On constate (d'après figure V-1) que pour le régime laminaire (Re < 2100, partie gauche du diagramme), λ ne dépend pas de la rugosité relative de la conduite. Il n'y a donc qu'une seule courbe.

Pour des valeurs plus élevées de Re, en régime turbulent, on constate qu'il y a une courbe pour chaque valeur de rugosité relative ε/d (la valeur de ε/d est inscrite à la droite du diagramme).

On constate aussi qu'au-delà d'une certaine valeur du nombre de REYNOLDS, λ n'augmente plus lorsque Re augmente. On dit que l'on est en régime turbulent établi (cette zone est délimitée par une courbe en pointillés). Pour ce régime d'écoulement, λ ne dépend que de ε/d.

Pour trouver λ, on commencera par calculer Re et ε/d. On placera notre valeur de Re en abscisse sur le diagramme de MOODY. On cherchera alors l'intersection de la verticale d'abscisse Re et de la courbe correspondant à notre rugosité relative ε/d. la valeur recherchée de λ sera alors l'ordonnée du point d'intersection.

I.3.2- Pertes de charge singulières

De la même manière que pour les pertes de charge régulières, la perte de charge J_{sing} créée par une singularité du réseau se calcule de la manière suivante :

$$\Delta P_{sing(i)} = \zeta_{(i)} * \frac{v_{(i)}^2}{2} * \rho \qquad \text{en [Pa]} \qquad \textit{(V-10)}$$

$$J_{sing(i)} = \frac{\Delta P_{sing(i)}}{\rho * g} => \sum_{i}^{n} J_{sing(i)} = J_{sing} \qquad en\ [mcF] \qquad \textit{(V-11)}$$

Dans l'équation (V-10) intervient le coefficient de proportionnalité ζ. Ce coefficient est appelé coefficient de perte de charge singulière. Ce coefficient ζ dépend du type, de la forme et des dimensions de la singularité. Il est déterminé expérimentalement et le tableau dans l'annexes (5) donne les valeurs de ζ pour quelques singularités courantes.

II-Calculs théoriques

Pour commencer l'étude des tuyauteries il faut savoir ces données :

- ✓ Dans le chapitre précédent nous avons choisie les vitesses de fluidisation au niveau de fond qui sont :

    1,2m/min=0,02m/s pour les plaques longitudinales

    1,6m/min=0,026m/s pour les plaques de centre

- ✓ En aspiration : $\rho_{air} = 1{,}18$ kg/m^3
- ✓ En refoulement : $\rho_{air} = 1{,}84$ kg/m^3
- ✓ $\mu_{air} = 1{,}96 * 10^{-5}$ Pa.s

Hypothèses :

- Afin de simplifier le calcul nous avons négligé la courbure des tubes car le rayon est important et aussi nous avons considéré que l'air est incompressible dans le circuit de refoulement.

Chap. V: Etude des tuyauteries et choix du surpresseur

- Pour faire la fluidisation de silo un seul secteur de fond fluidisé qui sera alimentée par l'air et tous les secteurs sont commandées par des électrovannes.
- Afin de déterminer les dimensions des conduites plusieurs méthodes sont utilisés tel que :
    - vitesse constante
    - Réduction arbitraire de la vitesse (méthode dynamique)
    - Gain de pression statique.
    - Perte de charge linéique constante

✓ Nous présentons dans ce chapitre la méthode de vitesse constante couramment utilisées pour des réseaux de soufflages simples et symétriques.

Alors afin de fixer la vitesse d'air il faut prendre en considération que si elle est trop élevé, les pertes de charges seront trop importantes et donc le surpresseur doit assurer une pression inutilement élevée, aussi le degré de turbulence de l'écoulement dans les conduits augmente ce qui implique un sifflement dans le réseau.

Donc pour l'industrie il est conseillé de choisir une vitesse de circulation optimale comprise entre 15 et 20 m/s [16].

Alors pour notre étude nous avons fixé v= 20 m/s.

II.1-Conception et dimensions de réseau de tuyauteries

Nous avons conçu le réseau de tuyauteries comme le montre les figures (V-2, V-3, V-4, V-5) :

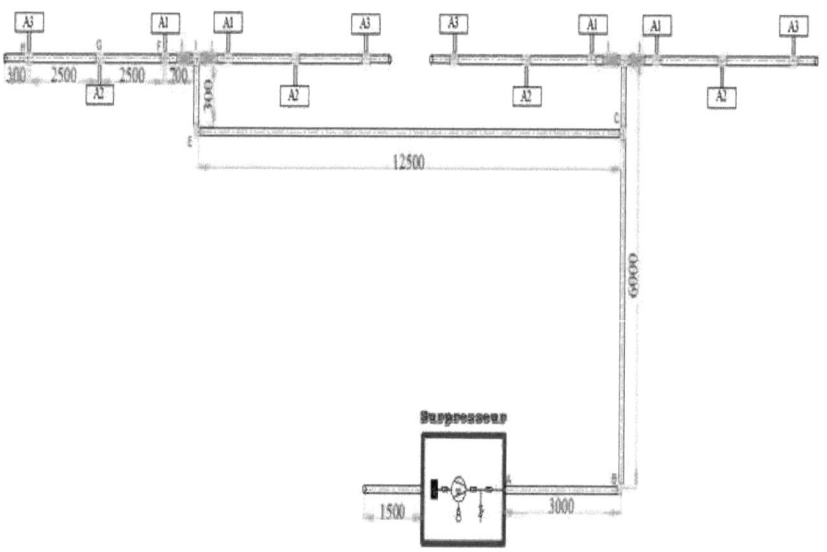

Figure V-2: Schéma simplifié de réseau d'alimentation d'air

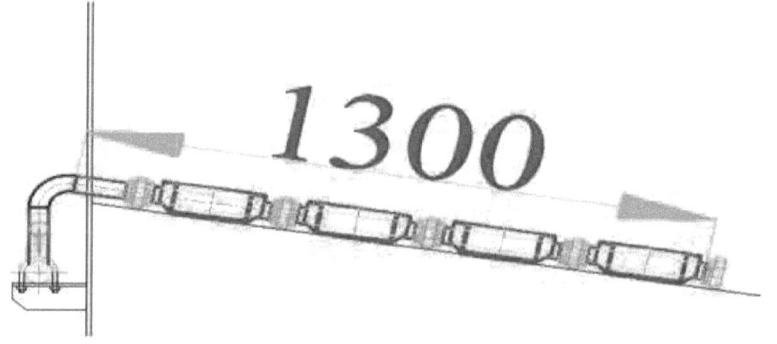

Figure V-3: Schéma de la section A1 ou A3

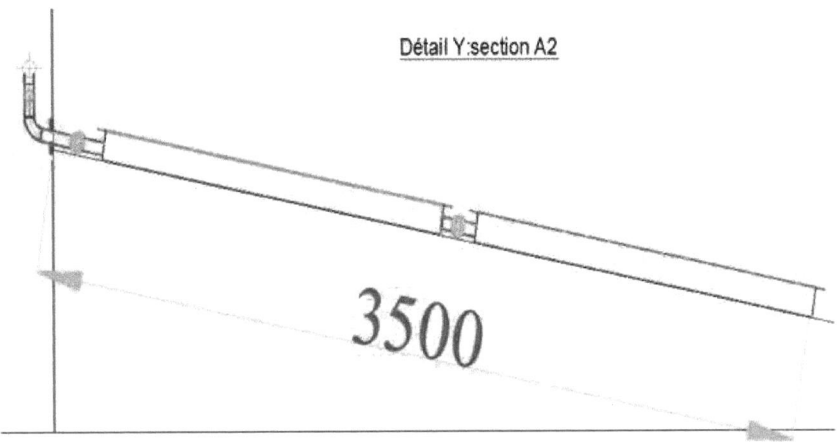

Figure V-4: Schéma de la section A2

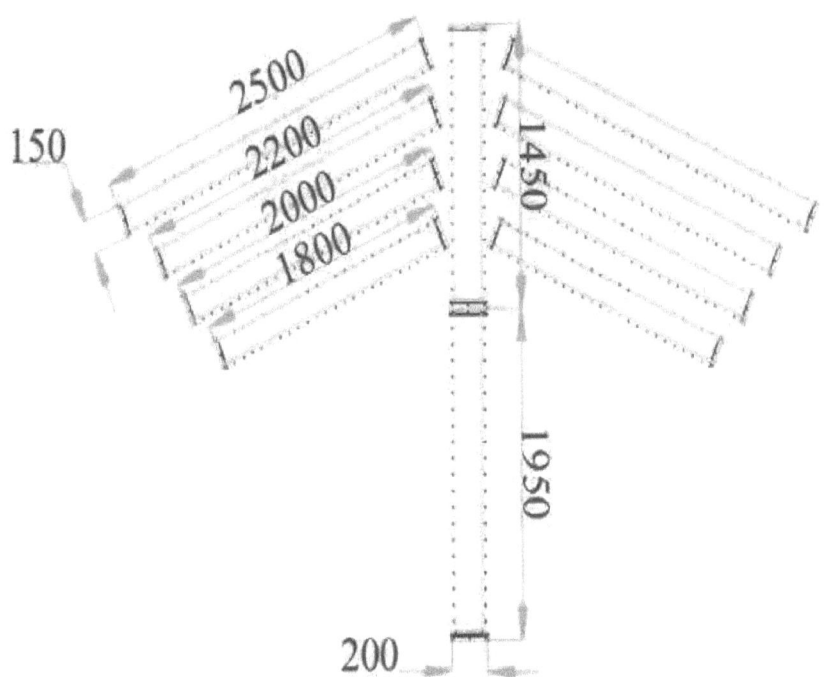

Figure V-5: Un secteur de fond de fluidisation

II.2-Calcul des débits au niveau des aéroglissiéres de fond

En commençant cette étude nous calculons les débits dans les aéroglissiéres qui sont composées d'une gouttière inférieure en tôle surmontée par une cloison poreuse. Celle-ci est en règle générale en tissu synthétique à mailles serrées et régulières. Elles équipent les fonds de silo et de trémies. Alors en se basant sur les dimensions des aeroglissiéres données par la figure (V-5) nous avons :

$Q_1 = v*s_1 = 0,02*0,15*2,5 = 0,0075\ m^3/s = \mathbf{0,45 m^3/min}$

$Q_2 = v*s_2 = 0,02*0,15*2.2 = 0,0066\ m^3/s = \mathbf{0,396 m^3/min}$

$Q_3 = v*s_3 = 0,02*0,15*2 = 0,006\ m^3/s = \mathbf{0,36\ m^3/min}$

$Q_4 = v*s_4 = 0,02*0,15*1,8 = 0,0054\ m^3/s = \mathbf{0,324 m^3/min}$

$Q_5 = v*s_5 = 0,026*0,2*1,45 = 0,00754\ m^3/s = \mathbf{0,45 m^3/min}$

$Q_6 = v*s_6 = 0,026*0,2*1,95 = 0,01014\ m^3/s = \mathbf{0,608 m^3/min}$

Le débit total nécessaire :

$\mathbf{Q_t} = 2*(Q_1+Q_2+Q_3+Q_4) + Q_5 + Q_6$

$= 2*(0,45+0,396+0,36+0,324)+0,45+0,608$

$\boxed{Q_t = 4,118\ m^3/min\ \ = 0,0686\ m^3/s\ \ = 247\ m^3/h}$

II.3- détermination des pertes de charge par tronçon

II.3.1-Circuit de refoulement

<u>Tronçon principale ABCEIF :</u>

Afin de choisir les conduites nécessaires pour le circuit nous calculons tout d'abord le diamètre théorique par ces données :

- ✓ vitesse imposée V=20m/s
- ✓ Débit imposé Q_t=4,118 m³/min =0,0686 m³/s

$$s = \frac{Q}{v} \qquad \text{Avec} \qquad s = \frac{\pi * d^2}{4}$$

D'où $\quad d = \sqrt{\frac{4*Q}{\pi*v}} \quad$ AN $\quad d_1 = \sqrt{\frac{4*0,0686}{3,14*20}} => \mathbf{d_1 = 0,0661\ m = 66\ mm}$

Alors nous avons choisie les gaines de diamètre intérieur égal à 66 mm pour le conduit principal tel que leurs caractéristiques sont :

Diamètre : 66-76

Matériaux : acier galvanisé

Rugosité : 0,15 mm

Moment d'inertie : I=545 180 mm^4

Module de flexion : I/v=14 441,85 mm^3

Poids théorique : 6,64 kg/m

Détermination de régime d'écoulement :

Les relations (V.8) et (V.9) donnent :

$$R_e = \frac{1,84 * 20 * 0,066}{1,96 * 10^{-5}} = 1,24 \cdot 10^5$$

$$\frac{\varepsilon}{d} = \frac{0,15}{66} = 0,00227$$

Donc d'après diagramme de Moody le régime d'écoulement est un régime turbulent de coefficient de perte de charge λ=**0,024**

Pertes de charge régulières ou linéaires :

$$L_T = 3 + 5,7 + 12.5 + 0.3 + 0.7 = 22.2\ m$$

D'après les équations (V.5) et (V.6) :

$$\Delta P_{lin(1)} = 0,024 * \frac{20^2}{2} * \frac{22.2}{0,066} * 1,84 = \mathbf{2971\ Pa}$$

Chap. V: Etude des tuyauteries et choix du surpresseur

$$J_{\text{lin}(1)} = \frac{2971}{1{,}84 * 9{,}8} = \mathbf{164{,}7\ mcF}$$

Pertes de charge singulière :

D'après l'annexe (5) nous avons les singularités suivantes :

- 2 coude de R/D = 100/66=1.5 alors $\zeta = 0{,}25$
- Dérivation : α=90° alors $\zeta = 1{,}3$
- Une bifurcation est considérée comme un coude car l'air coule dans un seul sens alors $\zeta = 0{,}25$
- Electrovanne type « papillon » : αmax=45°, $\zeta = 18{.}7$

En se basant sur les équations (V.10) et (V.11)

$$\Delta P_{\text{sing}(1)} = (3 * 0{,}25 + 1{,}3 + 18{,}7) * \frac{20^2}{2} * 1{,}84 = \mathbf{7636\ Pa}$$

$$J_{\text{sing}(1)} = \frac{7636}{18} = \mathbf{424 mcF}$$

$$\Delta P_{T(1)} = \Delta P_{\text{lin}(1)} + \Delta P_{\text{sing}(1)} = 2971 + 7636 = \mathbf{10607\ Pa}$$

$$J_{T(1)} = J_{\text{lin}(1)} + J_{\text{sing}(1)} = 164{,}7 + 424 = \mathbf{588{,}7 mcF}$$

En répétant la démarche précédente pour tous les tronçons nous trouvons:

<u>Tronçon FA1 ou HA3:</u>

- ✓ Vitesse fixe v=20m/s
- ✓ Le débit imposé : **Q**A1= Q1+Q2+Q3+Q4

$$=0{,}45+0{,}396+0{,}36+0{,}324=\mathbf{0{,}0255\ m^3/s=1{,}53\ m^3/min}$$

Calcul de diamètre :

$$d = \sqrt{\frac{4*Q}{\pi*v}} \quad \text{AN} \quad d_2 = \sqrt{\frac{4*0{,}0255}{3{,}14*20}} => \mathbf{d_2 = 0{,}0403\ m = 40 mm}$$

Alors nous avons choisie les gaines de diamètre intérieur égal à 40 mm pour les circuits FA1ou HA3 tel que leurs caractéristiques sont :

Chap. V: Etude des tuyauteries et choix du surpresseur

Diamètre : 40-49

Matériaux : acier galvanisé

Rugosité : 0,15 mm

Moment d'inertie : I=123902 mm^4

Module de flexion : I/v=5135,8 mm^3

Poids théorique : 3,86 kg/m

Détermination de régime d'écoulement :

$$R_e = \frac{\rho * v * d}{\mu} = \frac{1,84 * 20 * 0,04}{1,96 * 10^{-5}} = 7,5 \cdot 10^4$$

$$\frac{\varepsilon}{d} = \frac{0,15}{40} = 0,00375$$

D'après diagramme de Moody le régime d'écoulement est un régime turbulent de coefficient de perte de charge λ=**0,027**

Pertes de charge linéaires :

$$\Delta P_{lin(2)} = 0,027 * \frac{20^2}{2} * \frac{1,3}{0,040} * 1,84 = \mathbf{323\ Pa}$$

$$J_{lin(2)} = \frac{323}{18} = \mathbf{18\ mcF}$$

Pertes de charge singulière :

D'après l'annexe (5) nous avons les singularités suivantes :

- Dérivations : α=90° , ζ = 1,3
- Rétrécissement : d2/d1=40/66=0.6 alors ζ = 0,3
- Vanne de réglage de type « papillon » : αmax=45°, ζ = 18.7
- Coude : R/D = 62/40=1,5 alors ζ = 0,25
- 4 sorties : ζ = 0.5 ∗ 4
- 4 Grilles perforées de 20% section libre : ζ = 33 ∗ 4

Chap. V: Etude des tuyauteries et choix du surpresseur

$$\Delta P_{sing(2)} = (1{,}3 + 0{,}3 + 18{,}7 + 0{,}25 + 0{,}5 * 4 + 33 * 4) * \frac{20^2}{2} * 1{,}84$$
$$= \mathbf{56874{,}4 Pa}$$

$$J_{sing(2)} = \frac{56874.4}{1.84 * 9.8} = \mathbf{3154 \ mcF}$$

$$\Delta P_{T(2)} = 323 + 56874{,}4 = \mathbf{57197.4 \ Pa}$$

$$J_{T(2)} = J_{lin(2)} + J_{sing(2)} = 18 + 3154 = \mathbf{3172 \ mcF}$$

<u>Tronçon FG :</u>

- ✓ Vitesse fixe v=20m/s
- ✓ Débit imposé : $Q_a = Q_t - Q_{A1} = 0{,}0686 - 0{,}0255 = \mathbf{0{,}0431 \ m^3/s = 2{,}586 \ m^3/min}$

Calcul de diamètre :

$$d = \sqrt{\frac{4*Q}{\pi*v}} \quad AN \quad d_3 = \sqrt{\frac{4*0{,}0431}{3{,}14*20}} => \mathbf{d_3 = 0{,}0524 \ m = 52{,}4 mm}$$

Alors nous avons choisie les gaines de diamètre intérieur égal à 50 mm pour le circuit FG tel que leurs caractéristiques sont :

Diamètre : 50-60

Matériaux : acier galvanisé

Rugosité : 0,15 mm

Moment d'inertie : I=263284 mm^4

Module de flexion : I/v=8776,13 mm^3

Poids théorique : 5,2 kg/m

Alors la vitesse réelle du circuit : $V_{réel} = \frac{4*0{,}0431}{3{,}14*0{,}05^2} = \mathbf{22 \ m/s}$

Détermination de régime d'écoulement :

$$R_e = \frac{\rho * v * d}{\mu} = \frac{1,84 * 22 * 0,05}{1,96 * 10^{-5}} = 10,3 \cdot 10^4$$

$$\frac{\varepsilon}{d} = \frac{0,15}{50} = 0,003$$

D'après diagramme de Moody le régime d'écoulement est un régime turbulent de coefficient de perte de charge λ=**0,0255**

Pertes de charge linéaires :

$$\Delta P_{lin(3)} = \Delta P_{T(3)} = 0,0255 * \frac{22^2}{2} * \frac{2,5}{0,05} * 1,84 = 567,7 \text{ Pa}$$

$$J_{lin(3)} = J_{T(3)} = \frac{567,7}{1,84 * 9,8} = 31,5 \text{ mcF}$$

Tronçon GA2:

- ✓ Vitesse fixe : $V_{réel}$=22 m/s
- ✓ Le débit imposé : $Q_{A2}= Q_5+Q_6$

=0,00754+0,01014=**0,0177m3/s=1,07 m3/min**

Calcul de diamètre :

$$d = \sqrt{\frac{4*Q}{\pi*v}} \quad AN \quad d_4 = \sqrt{\frac{4*0,0177}{3,14*22}} => d_4 = 0,032 \text{ m} = 32\text{mm}$$

Alors nous avons choisie les gaines de diamètre intérieur égal à 33 mm pour le circuit FG tel que leurs caractéristiques sont :

Diamètre : 33-42

Matériaux : acier galvanisé

Rugosité : 0 ,15 mm

Moment d'inertie : I=76 221 mm4

Module de flexion : I/v=3 608,09 mm3

Chap. V: Etude des tuyauteries et choix du surpresseur

Poids théorique : 3,13 kg/m

Alors la vitesse réelle du circuit : Vréel = $\frac{4*0,0177}{3,14*0,033^2}$ = **20,7m/s**

Détermination de régime d'écoulement :

$$R_e = \frac{\rho * v * d}{\mu} = \frac{1,84 * 20,7 * 0,033}{1,96 * 10^{-5}} = 6.4 \cdot 10^4$$

$$\frac{\varepsilon}{d} = \frac{0,15}{33} = 0,0045$$

D'après diagramme de Moody le régime d'écoulement est un régime turbulent de coefficient de perte de charge **λ=0,028**

Pertes de charge linéaires :

$$\Delta P_{lin(4)} = 0,028 * \frac{20,7^2}{2} * \frac{3,5}{0,033} * 1,84 = \mathbf{1170,7\ Pa}$$

$$J_{lin(4)} = \frac{1170,7}{1,84 * 9,8} = \mathbf{65\ mcF}$$

Pertes de charge singulière :

D'après l'annexe (5) nous avons les singularités suivantes :

- Dérivations : α=90°, $\zeta = 1,3$
- Rétrécissement : d2/d1=40/66=0.6 alors $\zeta = 0,3$
- Vanne de réglage de type « papillon » : αmax=45°, $\zeta = 18.7$
- Coude : R/D = 62/40=1,5 alors $\zeta = 0,25$
- 2 sorties : $\zeta = 0.5 * 4$
- 2 Grilles perforées de 20% section libre : $\zeta = 36 * 2$

$$\Delta P_{sing(4)} = (1,3 + 0,3 + 18,7 + 0,25 + 0,5 * 2 + 36 * 2) * \frac{20,7^2}{2} * 1,84$$
$$= \mathbf{36878.4 Pa}$$

$$bJ_{sing(4)} = \frac{36878.4}{1.84 * 9.8} = \mathbf{2045\ mcF}$$

$$\Delta P_{T(4)} = 1170.7 + 36878.4 = \mathbf{38049\ Pa}$$

$$J_{T(4)} = J_{lin(4)} + J_{sing(4)} = 65 + 2045 = \mathbf{2110\ mcF}$$

Tronçon GH :

- ✓ Vitesse fixe v=20m/s
- ✓ Débit imposé : $Q_b = Q_a - Q_{A2} = 0,0431 - 0,0177 = \mathbf{0,0254}$ m³/s =1,524 m³/min

Calcul de diamètre :

$$d = \sqrt{\frac{4*Q}{\pi*v}} \quad \text{AN} \quad d_5 = \sqrt{\frac{4*0,0254}{3,14*20}} => d_5 = \mathbf{0,04\ m = 40mm}$$

Alors nous avons choisie les gaines de **diamètre 40-49** et D'après diagramme de Moody **λ=0,027**

Pertes de charge linéaires :

$$\Delta P_{lin(5)} = \Delta P_{T(5)} = 0,027 * \frac{20^2}{2} * \frac{2,5}{0,04} * 1,84 = \mathbf{621 Pa}$$

$$J_{lin(5)} = J_{T(5)} = \frac{567,7}{1,84 * 9,8} = \mathbf{34.4\ mcF}$$

II.3.2-Circuit d'aspiration

- ✓ Nous avons utilisé le même conduit que le circuit principal de refoulement : **Tube 66-76**
- ✓ Vitesse imposée : 20 m/s

$$\Delta P_{Tas} = 0.024 * \frac{20^2}{2} * \frac{1.5}{0.066} * 1.18 = \mathbf{129\ Pa}$$

$$J_{Tas} = \frac{129}{1.18 * 9.8} = \mathbf{11\ mcF}$$

II.4-Détermination des pertes de charge dans le circuit le plus défavorable

Le Circuit le plus défavorable est : A->B->C->E->I->F->G->H->A3

$$\Delta P_{TC} = \Delta P_{T(1)} + \Delta P_{T(2)} + \Delta P_{T(3)} + \Delta P_{T(5)} + \Delta P_{Tas}$$

$$\Delta P_{TC} = 10607 + 57197,4 + 567,7 + 621 + 129 = 69122\ Pa = 0,69\ bar$$

$$J_{Tc} = 588.7 + 3172 + 31.5 + 34.4 + 11 = 3838\ mcF$$

II.5-Détermination de HMTr

D'après théorème de Bernoulli (V.1) et (V.2) :

$$HMTr = \frac{p_2}{\rho_2 * g} - \frac{p_1}{\rho_1 * g} + \Delta z + \frac{v_2 - v_1}{2 * g} + J_{Tc}$$

$\frac{v_2 - v_1}{2*g} = 0$ Car nous avons utilisé la méthode de la vitesse constante

AN $\quad HMTr = \frac{1,612.10^5}{1,84*9.8} - \frac{1.012*10^5}{1,18*9,8} + 6 + 3838$

$$\Rightarrow HMTr = 4048 \; mCF$$

II.6-Détermination de P_h

En se référant sur l'équation (V.3) :

$$P_h = \text{HMTr} * \rho * g * Qt$$

AN

$$P_h = 4048 * 1.84 * 9.8 * 0.0686$$

$$\Rightarrow P_h = 5007 \; W = 5KW$$

Conclusion

En se basant sur tous calculs faits dans ce chapitre nous pouvons maintenant choisir le surpresseur qui peut nous aider à accomplir la mission de fluidisation.

Les Ciments de Bizerte utilise comme sous-traitant et fournisseur des outils d'aération la société AERZEN alors en se référant au catalogue fourni par cette dernière nous avons sélectionné le meilleur surpresseur.

Conclusion et perspectives

Ce projet d'étude réalisé à la société « Les Ciments de Bizerte » est considéré comme le premier de son genre ayant pour objectif d'une part la conception et le dimensionnement d'une nouvelle unité de stockage et chargement des camions en ciment vrac, d'autre part, l'étude de la fluidisation de la matière ensilée.

Donc, en se basant sur la conception de la nouvelle unité réalisée sur l'**AutoCAD** et les contraintes sur les parois dues aux matières stockées, nous avons déterminé les dimensions nécessaires du silo tel que(hauteur h=17m, diamètre d=8m, épaisseur t_{max}=12mm) et nous avons vérifié aussi la résistance des matériaux de la structure porteuse avec **RDM6**.

D'après les dimensions trouvées et l'étude faite sur la fluidisation de la matière ensilée nous avons adopté ces deux vitesses de fluidisation (1,2m/s, 1,6m/s). En utilisant ces deux dernières dans la méthodologie de détermination de la perte de charge dans le circuit d'aire, nous avons sélectionné le surpresseur qui va alimenter le réseau en air comprimé dont ses caractéristiques sont (Q=292 m^3/h, P_a=7.34 kW, HMT=5020 mCF, ΔP=600 mbar)

Mais nous signalons l'absence des certaines études faites sur ce sujet, ce qui explique la rareté de la documentation technique, et nous somme trouvés obliger d'utiliser des documents établit par des fournisseurs pour pouvoir préparer ce modeste travail que nous espérons utile pour ouvrir la chance à d'autres études plus profondes et cet ouvrage peut être une base pour continuer le travail.

Finalement je constate que ce projet m'a permis de découvrir le mode de vie sur tous les plans d'une entreprise industrielle que j'ai pu côtoyer et qui m'a bien préparé pour pouvoir entrer au monde productif avec des connaissances scientifiques académiques acquises pendant ma vie universitaires passée à l'Ecole d'Ingénieurs de Bizerte.

Aussi j'ai découvert également le travail au sein d'une « entreprise » (malgré leur statut public). J'ai pu apprendre à m'organiser dans un travail de longue haleine. De nombreuses difficultés de planification liée au caractère de recherche se sont présentées et des maladresses de définitions de priorités ont été faites. Ces difficultés ont enrichies mon capital d'expérience.

Références bibliographiques

[1] Ecobank : est un réseau bancaire africain fondé au Togo en 1985.
[2] http://www.lescimentsdebizerte.ind.tn/
[3] CEN 197-1 : *La norme européenne des ciments courants.*
[4] Jean Morel (ingénieur INSA, docteur de l'université de Lyon), *calcul des structures métalliques selon l'Eurocode 3*, édition 2005
[5] Eurocode 1 : *Bases de calcul et actions sur les structures, partie4 : Actions dans les silos et réservoirs, norme française publié par l'AFNOR en octobre 1997. Membres de la commission de normalisation, Président : M MATHEZ*
[6] D.SPENLE, R.GOURHANT, *Guide de calcul en mécanique*, Hachette technique
[7] Eurocode 3 : *Calcul des structures en acier, publié par AFNOR en novembre 2002*
[8] NF EN 10113 (1993): *une norme harmonisée conformément à la Directive Européenne Produits de Construction (DPC)*
[9] Villermaux J. *"Les réacteurs chimiques solaires"*, 1979.
[10] Botterill, J.S.M., *"Fluid-bed heat transfer"*, Academic Press, London, 1975.
[11] Muller C. et Flamant G. *"Suivi d'une réaction gaz-solide en lit fluidisé par mesure de la perte de charge" Entropie*, 1986.
[12] Baeyens J. et Geldart D. *"Predictive calculations of flow parameters in gas fluidized beds and fluidization behavior of powders. Fluidization and its applications"*, 1973.
[13] Ergun S., *"Fluid flow through packed columns" Chemical Engineering Progress*, 1952.
[14] Wen C. Y. et Yu Y. H. *"A generalized method for predicting the minimum fluidization velocity"* American Institute of chemical engineers, 1966.
[15] Haider, A. et Levenspiel, O. *"Drag coefficient and terminal velocity of spherical and no spherical particles"* Powder Technology 58, 1989.
[16] Bernard. G et Jean François. L, *techniques de l'ingénieur, bm 4130 Air comprimé dans l'industrie*, 07-1997
[17] J.-L. Fanchon, *Guide de mécanique, Sciences et techniques industrielles*, Nathan, 2001
[18] NF A 45-201 : « *Poutrelles à larges ailes à faces parallèles – Dimensions* », Sept 1983
[19] P.Dal Zotto, J.M.Larre, A.Merlet, L.Picau , « *memotech : génie énergétique* »

Annexes

Annexes

Annexe 1: *Valeurs nominales de limite d'élasticité f_y et de résistance à la traction f_u* [7]

Nuance	f_y N/mm²	f_u N/mm²		
		Courants EN10025	Normalisés EN10113	Thermomécanique EN10113
S235	235	360	-	-
S275	275	430	370	360
S355	355	510	470	450
S420	420	540	520	500
S460	460	570	550	530

Annexe 2: *Caractéristiques des matières granulaires* [5]

Matière granulaire	Poids volumique γ[kN/m3]	Rapport des pressions (Ks,m)	Coefficient de frottement sur la paroi μm		Coefficient maximal d'amplification Co
			Acier	Béton	
orge	8,5	0,55	0,35	0,45	1,35
ciment	16,0	0,50	0,40	0,50	1,40
clinker	18,0	0,45	0,45	0,55	1,40
sable sec	16,0	0,45	0,40	0,50	1,40
farine	7,0	0,40	0,30	0,40	1,45
cendre volante	14,0	0,45	0,45	0,55	1,45
maïs	8,5	0,50	0,30	0,40	1,40
sucre	9,5	0,50	0,45	0,55	1,40
blé	9,0	0,55	0,30	0,40	1,30
charbon	10,0	0,50	0,45	0,55	1,45

Annexes

Annexe 3: *valeurs des coefficients de sécurité [17]*

En mécanique au sens large : chaudronnerie, structures métalliques, génie mécanique (conception de mécanismes), automobile,..., on utilise typiquement les coefficients indiqués dans le tableau suivant :

Coefficient de sécurité s	Charges exercées sur la structure	Contraintes dans la structure	Comportement du matériau	Observations
$1 \leq s \leq 2$	régulières et connues	connues	testé et connu	fonctionnement constant sans à-coups
$2 \leq s \leq 3$	régulières et assez bien connues	assez bien connues	testé et connu moyennement	fonctionnement usuel avec légers chocs et surcharges modérées
$3 \leq s \leq 4$	moyennement connues	moyennement connues	non testé	
	mal connues ou incertaines	mal connues ou incertaines	connu	

Par exemple :

- pour le domaine de l'architecture : $s = 1,5$;
- matériel routier : $s = 3$;
- pour les appareils de levage industriels, selon arrêté français du 18 décembre 1992 :
- levage par des chaînes de levage : $s = 4$,
- composants métalliques d'accessoires de levage (par exemple crochets, palonniers) : $s = 4$,
- levage par des câbles métalliques : $s = 5$,
- levage par des sangles en tissus : $s = 7$;
- pour les mécanismes, un coefficient allant de 2,5 à 9, selon la catégorie du mécanisme (par type de mouvement et par type d'engin),
- pour les pièces de structure, un coefficient allant, selon les cas de service (sans vent, avec vent, sollicitations exceptionnelles), de 1,1 à 1,5 pour les pièces en acier de construction, et un coefficient plus élevé pour les pièces en acier à haute limite d'élasticité ;
- ascenseur (transport du public) : $s = 10$.

Annexes

Annexe 4: *dimensions et caractéristiques mécanique de profilé HEA [18]*

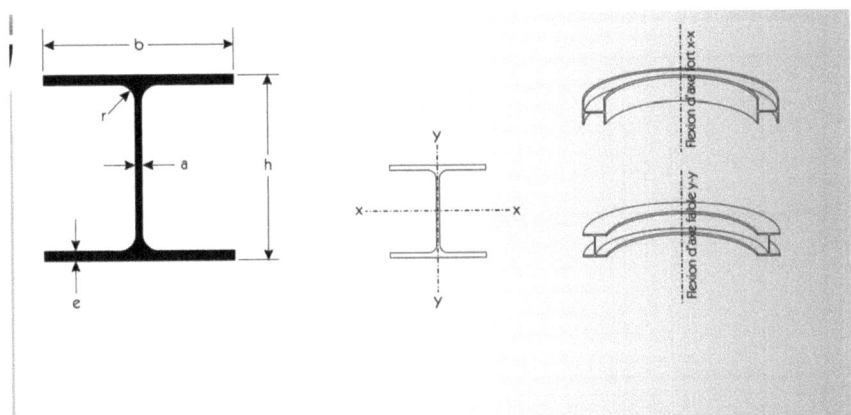

HEA	Poids (Kg/m)	Dimensions (mm)					V (m²/m)	F (cm²)	Ix-x (cm⁴)	Wx-x (cm³)	ix-x (cm)	Iy-y (cm⁴)	Wy-y (cm³)	iy-y (cm)
		h	b	a	e	r								
100	17,1	96	100	5,0	8,0	12	0,561	21,2	349	73	4,06	134	27	2,51
120	20,3	114	120	5,0	8,0	12	0,677	25,3	606	106	4,89	231	38	3,02
140	25,2	133	140	5,5	8,5	12	0,794	31,4	1033	155	5,73	389	56	3,52
160	31,0	152	160	6,0	9,0	15	0,906	38,8	1673	220	6,57	616	77	3,98
180	36,2	171	180	6,0	9,5	15	1,020	45,3	2510	294	7,45	925	103	4,52
200	43,2	190	200	6,5	10,0	18	1,140	53,8	3692	389	8,28	1336	134	4,98
220	51,5	210	220	7,0	11,0	18	1,260	64,3	5410	515	9,17	1955	178	5,51
240	61,5	230	240	7,5	12,0	21	1,370	76,8	7763	675	10,10	2769	231	6,00
260	69,5	250	260	7,5	12,5	24	1,480	86,8	10455	836	11,00	3668	282	6,50
280	77,9	270	280	8,0	13,0	24	1,600	97,3	13673	1010	11,90	4763	340	7,00
300	90,0	290	300	8,5	14,0	27	1,720	113,0	18263	1260	12,70	6310	421	7,49
320	99,5	310	300	9,0	15,5	27	1,760	124,0	22929	1480	13,60	6985	466	7,49
340	107,1	330	300	9,5	16,5	27	1,790	133,0	27693	1680	14,40	7436	496	7,46
360	114,2	350	300	10,0	17,5	27	1,830	143,0	33090	1890	15,20	7887	526	7,43
400	127,4	390	300	11,0	19,0	27	1,910	159,0	45069	2310	16,80	8564	571	7,34
450	142,7	440	300	11,5	21,0	27	2,010	178,0	63722	2900	18,90	9465	631	7,29
500	158,0	490	300	12,0	23,0	27	2,110	198,0	86975	3550	21,00	10367	691	7,24
550	169,2	540	300	12,5	24,0	27	2,210	212,0	111932	4150	23,00	10819	721	7,15
600	181,4	590	300	13,0	25,0	27	2,310	226,0	141208	4790	25,00	11271	751	7,05
650	193,7	640	300	13,5	26,0	27	2,410	242,0	175178	5470	26,90	11724	782	6,97
700	207,9	690	300	14,5	27,0	27	2,500	260,0	215301	6240	28,80	12179	812	6,84
800	228,3	790	300	15,0	28,0	30	2,700	286,0	303442	7680	32,60	12639	843	6,65
900	256,9	890	300	16,0	30,0	30	2,900	321,0	422075	9480	36,30	13547	903	6,50
1000	277,2	990	300	16,5	31,0	30	3,100	347,0	553846	11190	40,00	14004	934	6,35

Annexes

Annexe 5: *tableau des coefficients de perte de charge singulière [19]*

Conduits à section circulaire (diamètre = D)

	R/D	ζ		R/D	ζ		R/D	ζ		α	ζ
	0,5	0,9		0,5	1,3		0,5	1,1		15°	0,1
	0,75	0,45		0,75	0,8		0,75	0,6		30°	0,2
	1,0	0,35		1,0	0,5		1,0	0,4		45°	0,5
	1,5	0,25		1,5	0,3		1,5	0,25		60°	0,7
	2,0	0,2		2,0	0,25		2,0	0,2		90°	1,3
$\zeta_1=0$	α	ζ_2	$\zeta_1=0$	R/D	ζ_2		R/D	ζ_2		α	ζ_2
	15°	0,1		0,5	1,3		0,5	1,2		15°	0,1
	30°	0,3		0,75	0,9		0,75	0,6		30°	0,3
	45°	0,5		1,0	0,8		1,0	0,4		45°	0,7
	60°	0,7		1,5	0,6		1,5	0,25		60°	1,0
	90°	1,3		2,0	0,5		2,0	0,2		90°	1,4
$\zeta=1,4$	$\zeta=0,9$			α	ζ		R/D	ζ		d/D	ζ
				0°	0,9		0,2	0,2		0,1	2,5
				15°	0,5		0,5	0,1		0,2	2,5
$\zeta=1,4$	$\zeta=0,5$			30°	0,3		0,8	0,05		0,4	2,5
				45°	0,3				$\zeta=1$	0,6	2,3
				60°	0,4					0,8	1,9
				90°	0,5					0,9	1,5
	d/D	ζ		α	ζ		d/D	ζ	diaphragme	d/D	ζ
	0,1	1,0		5°	0,15	$\zeta=0,1$	0,1	0,6		1	0
	0,2	0,9		10°	0,25		0,2	0,5		0,9	0,1
	0,4	0,7		15°	0,4		0,4	0,4		0,8	1
	0,6	0,4		30°	0,8		0,6	0,3		0,7	2
	0,8	0,2		45°	0,9	$\alpha<60°$	0,8	0,2		0,6	5
				90°	1,0						8

Oui, je veux morebooks!

I want morebooks!

Buy your books fast and straightforward online - at one of the world's fastest growing online book stores! Environmentally sound due to Print-on-Demand technologies.

Buy your books online at
www.get-morebooks.com

Achetez vos livres en ligne, vite et bien, sur l'une des librairies en ligne les plus performantes au monde!
En protégeant nos ressources et notre environnement grâce à l'impression à la demande.

La librairie en ligne pour acheter plus vite
www.morebooks.fr

OmniScriptum Marketing DEU GmbH
Heinrich-Böcking-Str. 6-8
D - 66121 Saarbrücken
Telefax: +49 681 93 81 567-9

info@omniscriptum.com
www.omniscriptum.com

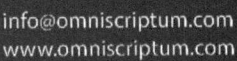

Printed by Books on Demand GmbH, Norderstedt / Germany